この一冊があなたの
ビジネス力を育てる！

PowerPointはプレゼンだけだと思っていませんか？
もっとPowerPointを使いこなして、
上司や同僚を驚かせたいと思いませんか？
FOM出版のテキストはそんなあなたの要望に応えます。

第1章 画像の加工

写真が命のスライドだから
多彩な効果でスタイリッシュに！

やっぱり発表スライドは写真が命！
同じ写真でも、イメージが変わるアート効果や背景の削除なんて、プロっぽいね！
PowerPointは手軽に画像の加工ができるので、どんどん使ってみよう！

アート効果を使えば、写真が大変身！

背景の削除で、見せたい
ものだけを目立たせる！

画像の加工については **8ページ** を **check!**

第2章 グラフィックの活用

スライド作成だけじゃない！
PowerPointでちらし作成！

PowerPointって、スライド作成以外にも使えるの？
ちらしを作成するならWordを使っているし、いまひとつ、ピンとこないんだよなぁ…

図形に文字を入力して回転すると、文字もいっしょに回転！ちらしに効果的なアクセントを付けられる！

テキストボックスの塗りつぶしの色に透過を設定すれば、バックの画像を活かしたレイアウトが可能！

図形の結合を使うと、図形同士をくっつけて新しい図形を作成できる！

A4やはがきなど、スライド以外のサイズで作成できる！

Wordに負けず劣らず、魅力あるちらしが作成できるんだね！
今度のちらし作成にはPowerPointを使ってみようかな。

グラフィックの活用については **40ページ** を check!

第3章 動画と音声の活用

動画を使って
訴求力のあるスライドに！

人は、動きのあるスライドに惹きつけられるんじゃない？
写真だけじゃわかりづらいものも、動画を使うと一目瞭然！
商品紹介などで使うと、グッと訴求力も増すよね。
それに、PowerPointを使ってプレゼンテーションのビデオを作っておけば、
PowerPointの入っていないパソコンなどでも再生可能だし、便利だよ。

手洗いの方法は、写真じゃ伝わらない！
字幕付きの動画で見せて、わかりやすさを追求！

動画はトリミングが可能！
必要な部分だけ見せて、撮り始めや撮り終わりなどの余分な部分はカット！

効果音やナレーションなどの音声を挿入できる！

ビデオを作成しておくと、PowerPointが入っていないパソコンでも再生可能！

動画と音声の活用については **90ページ** を **check!**

第4章 スライドのカスタマイズ

カスタマイズをマスターして
簡単にオリジナルのスライドを！

PowerPointっていろいろなテーマがあって、簡単にデザイン性の高いスライドが作れるよね〜。でも、ちょっと自分好みにアレンジしたり、自社のロゴを入れたりできると、もっと使い勝手がよくなるんだけどなぁ。

フォントを変更したり、図形を削除したりして、好みのデザインに変更しよう！

テーマ「シャボン」のスライドマスターを編集！

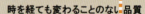

ヘッダーやフッターに会社名やロゴマークなどを入れるとオリジナル感が増すよ！

スライドのカスタマイズができると、オリジナルのスライドが作成できるんだね。これは、使いこなさなくっちゃ！

スライドのカスタマイズについては **124ページ** を **check!**

第5章 ほかのアプリケーションとの連携

ExcelやWordのデータをそのまま利用
ほかのアプリとかんたん連携！

ExcelやWordのデータを見ながら、PowerPointのスライドに入力していくのって二度手間なんだよね。
あと、過去に作ったスライドを、作成中のスライドに組み込むとき、作成中のテーマに簡単に移行できたらすごく便利なんだけどなぁ〜。
あれ？　そういう機能、ありそうだね！　知りたいなぁ。

Word文書もそのままスライドに！

画面上の領域をスクリーンショットでキャプチャしてスライドに利用！

ほかのアプリケーションとの連携については **164ページ** を **check!**

第6章 プレゼンテーションの校閲

校閲機能を使いこなして業務効率をアップさせる！

スライドの手直しってけっこう大変なんだよね〜。
特に、製品名が変わったり、使っている単語を置き換えたりするときは、要注意！
修正し忘れがあると取り返しがつかないからね。
PowerPointで、一度に簡単に修正できると助かるんだけどなぁ。
あと、先輩にスライドをチェックしてもらうと、
いろいろアドバイスをメモしてくれるんだけど、字が読みづらくて…
でも、そんなこと口が裂けても言えないしなぁ。

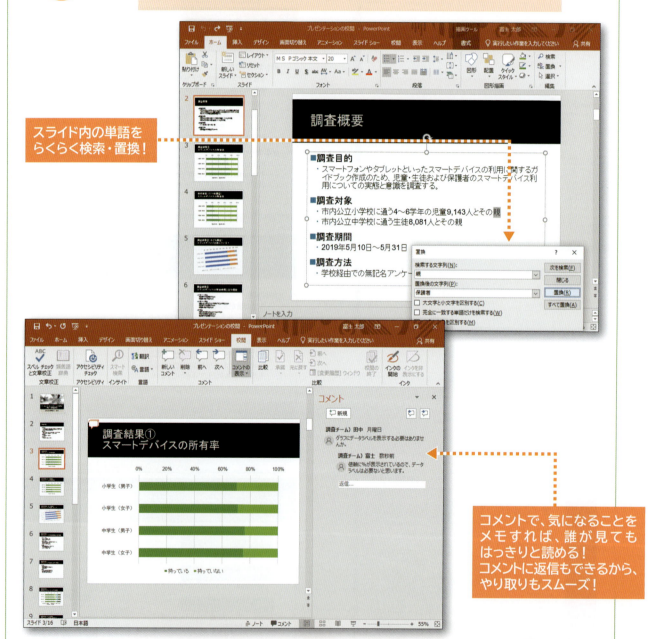

スライド内の単語をらくらく検索・置換！

コメントで、気になることをメモすれば、誰が見てもはっきりと読める！
コメントに返信もできるから、やり取りもスムーズ！

へぇ〜。置換を使うと、スライドの修正もすぐできる！
それに、コメントを使えば、字が読めなくて苦労することもないね。
あと、欲を言えば、同僚が手直ししてくれたスライドを、
もとのスライドに簡単に反映できるといいんだけどなぁ。

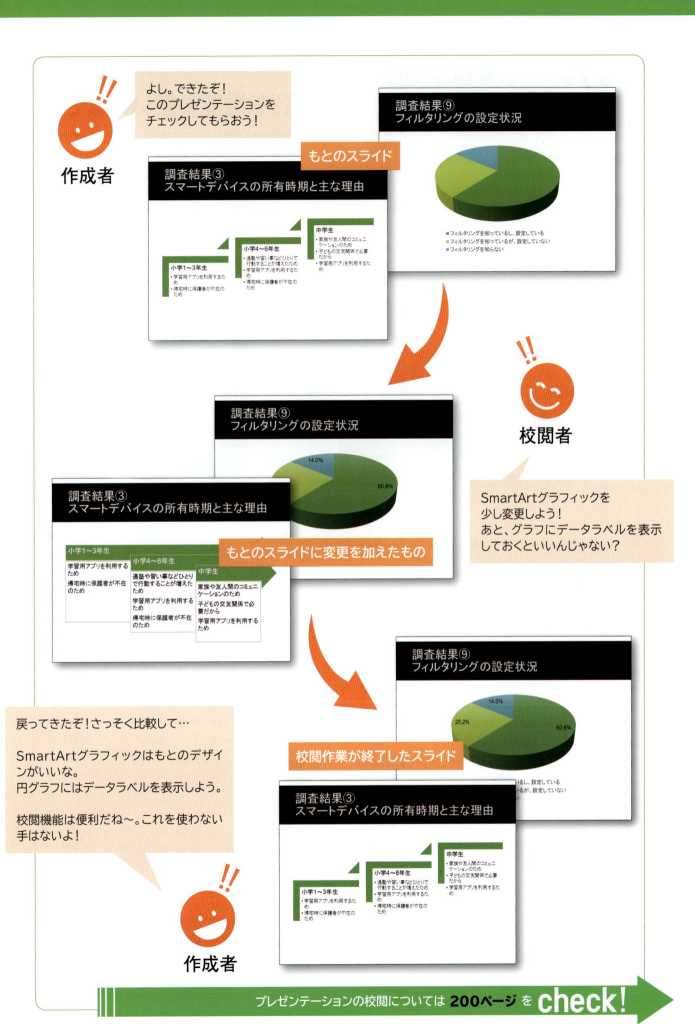

第 **7** 章
便利な機能

頼もしい機能が充実
PowerPointの便利な機能を使いこなそう

ずいぶんPowerPointの使い方がわかってきたよ。
ほかに知っておくと便利な機能ってないのかな？

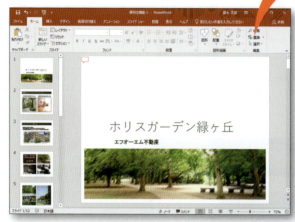

枚数の多いプレゼンテーションをセクションで管理！

プレゼンテーションをPDFファイルにしたり、テンプレートとして保存したり、活用方法もいろいろ！

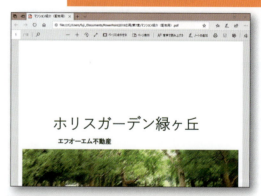

ドキュメント検査で、個人情報や隠しデータなどがないかをチェックして情報漏えいを防止！

なるほど！
ここまで使えるようになれば、ビジネスシーンで活躍できるぞ！

便利な機能については **230ページ** を **check!**

はじめに

Microsoft PowerPoint 2019は、訴求力のあるスライドを作成し、効果的なプレゼンテーションを行うためのプレゼンテーションソフトです。

本書は、PowerPointを使いこなしたい方を対象に、図形や写真などに様々な効果を設定する方法やスライドのカスタマイズ、ほかのアプリケーションとの連携、コメントやプレゼンテーションの比較などを使ってプレゼンテーションを校閲する方法など、応用的かつ実用的な機能をわかりやすく解説しています。また、練習問題を豊富に用意しており、問題を解くことによって理解度を確認でき、着実に実力を身に付けられます。「よくわかる Microsoft PowerPoint 2019 基礎」(FPT1817)の続編であり、PowerPointの豊富な機能を学習できる内容になっています。

表紙の裏にはPowerPointで使える便利な「ショートカットキー一覧」、巻末にはPowerPoint 2019の新機能を効率的に習得できる「PowerPoint 2019の新機能」を収録しています。

本書は、経験豊富なインストラクターが、日ごろのノウハウをもとに作成しており、講習会や授業の教材としてご利用いただくほか、自己学習の教材としても最適なテキストとなっております。

本書を通して、PowerPointの知識を深め、実務にいかしていただければ幸いです。

本書を購入される前にご一読ください

本書は、2019年2月現在のPowerPoint 2019 (16.0.10339.20026) に基づいて解説しています。本書発行後のWindowsやOfficeのアップデートによって機能が更新された場合には、本書の記載のとおりに操作できなくなる可能性があります。あらかじめご了承のうえ、ご購入・ご利用ください。

2019年4月3日
FOM出版

- ◆Microsoft、PowerPoint、Excel、OneDrive、Windowsは、米国Microsoft Corporationの米国およびその他の国における登録商標または商標です。
- ◆その他、記載されている会社および製品などの名称は、各社の登録商標または商標です。
- ◆本文中では、TMや®は省略しています。
- ◆本文中のスクリーンショットは、マイクロソフトの許可を得て使用しています。
- ◆本文およびデータファイルで題材として使用している個人名、団体名、商品名、ロゴ、連絡先、メールアドレス、場所、出来事などは、すべて架空のものです。実在するものとは一切関係ありません。
- ◆本書に掲載されているホームページは、2019年2月現在のもので、予告なく変更される可能性があります。

目次

■ショートカットキー一覧

■本書をご利用いただく前に --- 1

■第1章　画像の加工 --- 8

　　　Check　　この章で学ぶこと …………………………………………………9
　　　Step1　　作成するプレゼンテーションを確認する ……………………… 10
　　　　　●1　作成するプレゼンテーションの確認 ……………………………10
　　　Step2　　画像の外観を変更する ………………………………………… 12
　　　　　●1　作成するスライドの確認 …………………………………………12
　　　　　●2　アート効果の設定 …………………………………………………13
　　　　　●3　色のトーンの変更 …………………………………………………14
　　　Step3　　画像を回転する ………………………………………………… 16
　　　　　●1　作成するスライドの確認 …………………………………………16
　　　　　●2　画像の回転 …………………………………………………………16
　　　Step4　　画像をトリミングする ………………………………………… 20
　　　　　●1　作成するスライドの確認 …………………………………………20
　　　　　●2　画像のトリミング …………………………………………………20
　　　　　●3　縦横比を指定してトリミング ……………………………………21
　　　　　●4　図形に合わせてトリミング ………………………………………26
　　　Step5　　図のスタイルをカスタマイズする …………………………… 27
　　　　　●1　作成するスライドの確認 …………………………………………27
　　　　　●2　図のスタイルのカスタマイズ ……………………………………27
　　　Step6　　画像の背景を削除する ………………………………………… 30
　　　　　●1　作成するスライドの確認 …………………………………………30
　　　　　●2　背景の削除 …………………………………………………………30
　　　練習問題　………………………………………………………………………37

■第2章　グラフィックの活用--40

- Check　この章で学ぶこと ………………………………………… 41
- Step1　作成するちらしを確認する ……………………………… 42
  - ●1　作成するちらしの確認 ……………………………………42
- Step2　スライドのサイズを変更する ……………………………… 43
  - ●1　スライドのサイズの変更 …………………………………43
  - ●2　スライドのレイアウトの変更 ……………………………46
- Step3　スライドのテーマをアレンジする ……………………… 47
  - ●1　テーマの適用 ………………………………………………47
- Step4　画像を配置する …………………………………………… 50
  - ●1　画像の配置 …………………………………………………50
- Step5　グリッド線とガイドを表示する ………………………… 52
  - ●1　グリッド線とガイド ………………………………………52
  - ●2　グリッド線とガイドの表示 ………………………………52
  - ●3　グリッドの間隔とオブジェクトの配置 …………………53
  - ●4　ガイドの移動 ………………………………………………54
- Step6　図形を作成する …………………………………………… 56
  - ●1　図形を利用したタイトルの作成 …………………………56
  - ●2　図形の作成 …………………………………………………56
  - ●3　図形のコピーと文字の修正 ………………………………59
- Step7　図形に書式を設定する …………………………………… 61
  - ●1　図形の枠線 …………………………………………………61
  - ●2　図形の塗りつぶし …………………………………………62
  - ●3　図形の回転 …………………………………………………64
- Step8　オブジェクトの配置を調整する ………………………… 65
  - ●1　図形の表示順序 ……………………………………………65
  - ●2　図形のグループ化 …………………………………………67
  - ●3　図形の整列 …………………………………………………68
  - ●4　配置の調整 …………………………………………………68
- Step9　図形を組み合わせてオブジェクトを作成する ………… 71
  - ●1　図形を組み合わせたオブジェクトの作成 ………………71
  - ●2　図形の作成 …………………………………………………72
  - ●3　図形の結合 …………………………………………………74
- Step10　テキストボックスを配置する …………………………… 77
  - ●1　テキストボックス …………………………………………77
  - ●2　横書きテキストボックスの作成 …………………………77
  - ●3　テキストボックスの書式設定 ……………………………81
- 練習問題 ……………………………………………………………… 86

■第3章　動画と音声の活用-----90

Check	この章で学ぶこと	91
Step1	作成するプレゼンテーションを確認する	92
	●1　作成するプレゼンテーションの確認	92
Step2	ビデオを挿入する	94
	●1　ビデオ	94
	●2　ビデオの挿入	94
	●3　ビデオの再生	97
	●4　ビデオの移動とサイズ変更	98
Step3	ビデオを編集する	100
	●1　明るさとコントラストの調整	100
	●2　ビデオスタイルの適用	101
	●3　キャプションの挿入	102
	●4　ビデオのトリミング	104
	●5　スライドショーでのビデオの再生のタイミング	107
Step4	オーディオを挿入する	109
	●1　オーディオ	109
	●2　オーディオの挿入	109
	●3　オーディオの再生	110
	●4　オーディオのアイコンの移動とサイズ変更	111
	●5　スライドショーでのオーディオの再生のタイミング	114
	●6　再生順序の変更	116
Step5	プレゼンテーションのビデオを作成する	117
	●1　プレゼンテーションのビデオ	117
	●2　画面切り替えの設定	117
	●3　ビデオの作成	118
	●4　ビデオの再生	120
練習問題		121

■第4章　スライドのカスタマイズ　124

- Check　この章で学ぶこと　125
- Step1　作成するプレゼンテーションを確認する　126
  - ●1　作成するプレゼンテーションの確認　126
- Step2　スライドマスターの概要　128
  - ●1　スライドマスター　128
  - ●2　スライドマスターの種類　128
  - ●3　スライドマスターの編集手順　129
- Step3　共通のスライドマスターを編集する　130
  - ●1　共通のスライドマスターの編集　130
  - ●2　スライドマスターの表示　130
  - ●3　図形の削除　131
  - ●4　タイトルの書式設定　132
  - ●5　プレースホルダーのサイズ変更　134
  - ●6　ワードアートの作成　136
  - ●7　画像の挿入　138
- Step4　タイトルスライドのスライドマスターを編集する　141
  - ●1　タイトルスライドのスライドマスターの編集　141
  - ●2　タイトルの書式設定　141
  - ●3　図形の削除　144
  - ●4　テーマとして保存　145
- Step5　ヘッダーとフッターを挿入する　148
  - ●1　作成するスライドの確認　148
  - ●2　ヘッダーとフッターの挿入　148
  - ●3　ヘッダーとフッターの編集　149
- Step6　オブジェクトに動作を設定する　152
  - ●1　オブジェクトの動作設定　152
  - ●2　動作の確認　154
- Step7　動作設定ボタンを作成する　155
  - ●1　動作設定ボタン　155
  - ●2　動作設定ボタンの作成　155
  - ●3　動作の確認　157
- 練習問題　159

■第5章　ほかのアプリケーションとの連携 　164

Check	この章で学ぶこと	165
Step1	作成するプレゼンテーションを確認する	166
	●1　作成するプレゼンテーションの確認	166
Step2	Wordのデータを利用する	169
	●1　作成するスライドの確認	169
	●2　Word文書の挿入	170
	●3　アウトラインからスライド	170
	●4　スライドのリセット	172
Step3	Excelのデータを利用する	175
	●1　作成するスライドの確認	175
	●2　Excelのデータの貼り付け	176
	●3　Excelグラフの貼り付け方法	176
	●4　Excelグラフのリンク	178
	●5　リンクの確認	181
	●6　グラフの書式設定	183
	●7　図として貼り付け	184
	●8　Excel表の貼り付け方法	186
	●9　Excel表の貼り付け	186
	●10　表の書式設定	188
Step4	ほかのPowerPointのデータを利用する	190
	●1　スライドの再利用	190
Step5	スクリーンショットを挿入する	194
	●1　作成するスライドの確認	194
	●2　スクリーンショット	194
練習問題		198

■第6章　プレゼンテーションの校閲 ---------------------------------- 200

- **Check** この章で学ぶこと …………………………………………… 201
- **Step1** 検索・置換する ……………………………………………… 202
  - ●1 検索 ……………………………………………………… 202
  - ●2 置換 ……………………………………………………… 203
- **Step2** コメントを設定する …………………………………………… 206
  - ●1 コメント ………………………………………………… 206
  - ●2 コメントの確認 ………………………………………… 206
  - ●3 コメントの表示・非表示 ……………………………… 208
  - ●4 コメントの挿入とユーザー設定 ……………………… 209
  - ●5 コメントの編集 ………………………………………… 212
  - ●6 コメントへの返答 ……………………………………… 213
  - ●7 コメントの削除 ………………………………………… 214
- **Step3** プレゼンテーションを比較する ……………………………… 216
  - ●1 校閲作業 ………………………………………………… 216
  - ●2 プレゼンテーションの比較 …………………………… 216
  - ●3 変更内容の反映 ………………………………………… 222
  - ●4 校閲の終了 ……………………………………………… 227
- 練習問題 …………………………………………………………… 228

■第7章　便利な機能 -- 230

- **Check** この章で学ぶこと …………………………………………… 231
- **Step1** セクションを利用する ………………………………………… 232
  - ●1 セクション ……………………………………………… 232
  - ●2 セクションの追加 ……………………………………… 233
  - ●3 セクション名の変更 …………………………………… 234
  - ●4 セクションの移動 ……………………………………… 235
- **Step2** プレゼンテーションのプロパティを設定する ……………… 236
  - ●1 プレゼンテーションのプロパティの設定 …………… 236
- **Step3** プレゼンテーションの問題点をチェックする ……………… 239
  - ●1 ドキュメント検査 ……………………………………… 239
  - ●2 アクセシビリティチェック …………………………… 242
- **Step4** プレゼンテーションを保護する ……………………………… 246
  - ●1 パスワードを使用して暗号化 ………………………… 246
  - ●2 最終版として保存 ……………………………………… 249

		Step5	テンプレートを操作する	250
			●1 テンプレートとして保存	250
			●2 テンプレートの利用	252
		Step6	ファイル形式を指定して保存する	254
			●1 Word文書の配布資料の作成	254
			●2 PDFファイルとして保存	257
		練習問題		259

■総合問題 262

- 総合問題1 …… 263
- 総合問題2 …… 266
- 総合問題3 …… 270
- 総合問題4 …… 273
- 総合問題5 …… 276

■付録 PowerPoint 2019の新機能 278

Step1 ズームを使って目的のスライドにジャンプする …… 279
- ●1 ズーム …… 279
- ●2 サマリーズームの作成 …… 280
- ●3 サマリーズームの確認 …… 281

Step2 スライドショーを記録する …… 283
- ●1 スライドショーの記録 …… 283

■索引 288

■別冊　練習問題・総合問題　解答

購入特典

本書を購入された方には、次の特典（PDFファイル）をご用意しています。FOM出版のホームページからダウンロードして、ご利用ください。

> **特典　OneDriveを利用したOffice活用術**
> Step1　様々な環境でOfficeを利用する ……………………………………………… 2
> Step2　複数のパソコンでOfficeのファイルをやり取りする …………………… 5
> Step3　タブレットやスマートフォンでOfficeを利用する ……………………… 13

【ダウンロード方法】

①次のホームページにアクセスします。

ホームページ・アドレス

```
http://www.fom.fujitsu.com/goods/eb/
```

②「PowerPoint 2019 応用（FPT1818）」の《特典を入手する》を選択します。

③本書の内容に関する質問に回答し、《入力完了》を選択します。

④ファイル名を選択して、ダウンロードします。

本書をご利用いただく前に

本書で学習を進める前に、ご一読ください。

1 本書の記述について

操作の説明のために使用している記号には、次のような意味があります。

記述	意味	例
▢	キーボード上のキーを示します。	[Shift] [Esc]
▢+▢	複数のキーを押す操作を示します。	[Ctrl]+[C] ([Ctrl]を押しながら[C]を押す)
《　》	ダイアログボックス名やタブ名、項目名など画面の表示を示します。	《ホーム》タブを選択します。 《図の挿入》ダイアログボックスが表示されます。
「　」	重要な語句や機能名、画面の表示、入力する文字列などを示します。	「トリミング」といいます。 「感染予防対策」と入力します。

 学習の前に開くファイル

 知っておくべき重要な内容

 知っていると便利な内容

※ 補足的な内容や注意すべき内容

Let's Try 学習した内容の確認問題

 確認問題の答え

 問題を解くためのヒント

2 製品名の記載について

本書では、次の名称を使用しています。

正式名称	本書で使用している名称
Windows 10	Windows 10 または Windows
Microsoft Office 2019	Office 2019 または Office
Microsoft PowerPoint 2019	PowerPoint 2019 または PowerPoint
Microsoft Excel 2019	Excel 2019 または Excel
Microsoft Word 2019	Word 2019 または Word

3 効果的な学習の進め方について

本書の各章は、次のような流れで学習を進めると、効果的な構成になっています。

1 学習目標を確認

学習を始める前に、「この章で学ぶこと」で学習目標を確認しましょう。
学習目標を明確にすることによって、習得すべきポイントが整理できます。

2 章の学習

学習目標を意識しながら、PowerPointの機能や操作を学習しましょう。

本書をご利用いただく前に

3 練習問題にチャレンジ

章の学習が終わったあと、「練習問題」にチャレンジしましょう。
章の内容がどれくらい理解できているかを把握できます。

4 学習成果をチェック

章の始めの「この章で学ぶこと」に戻って、学習目標を達成できたかどうかをチェックしましょう。
十分に習得できなかった内容については、該当ページを参照して復習するとよいでしょう。

4　学習環境について

本書を学習するには、次のソフトウェアが必要です。

●PowerPoint 2019
●Excel 2019
●Word 2019

本書を開発した環境は、次のとおりです。
・OS：Windows 10（ビルド17763.253）
・アプリケーションソフト：Microsoft Office Professional Plus 2019
　　　　　　　　　　　　　Microsoft PowerPoint 2019（16.0.10339.20026）
　　　　　　　　　　　　　Microsoft Excel 2019（16.0.10339.20026）
　　　　　　　　　　　　　Microsoft Word 2019（16.0.10339.20026）
・ディスプレイ：画面解像度　1024×768ピクセル
※インターネットに接続できる環境で学習することを前提に記述しています。
※環境によっては、画面の表示が異なる場合や記載の機能が操作できない場合があります。

◆画面解像度の設定
画面解像度を本書と同様に設定する方法は、次のとおりです。
①デスクトップの空き領域を右クリックします。
②《ディスプレイ設定》をクリックします。
③《解像度》の をクリックし、一覧から《1024×768》を選択します。
※確認メッセージが表示される場合は、《変更の維持》をクリックします。

◆ボタンの形状
ディスプレイの画面解像度やウィンドウのサイズなど、お使いの環境によって、ボタンの形状やサイズが異なる場合があります。ボタンの操作は、ポップヒントに表示されるボタン名を確認してください。
※本書に掲載しているボタンは、ディスプレイの画面解像度を「1024×768ピクセル」、ウィンドウを最大化した環境を基準にしています。

◆スタイルや色の名前
本書発行後のWindowsやOfficeのアップデートによって、ポップヒントに表示されるスタイルや色などの項目の名前が変更される場合があります。本書に記載されている項目名が一覧にない場合は、掲載画面の色が付いている位置を参考に選択してください。

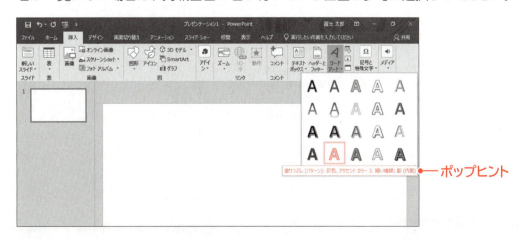

5 学習ファイルのダウンロードについて

本書で使用するファイルは、FOM出版のホームページで提供しています。
ダウンロードしてご利用ください。

ホームページ・アドレス

http://www.fom.fujitsu.com/goods/

ホームページ検索用キーワード

FOM出版

◆ダウンロード

学習ファイルをダウンロードする方法は、次のとおりです。
①ブラウザーを起動し、FOM出版のホームページを表示します。
※アドレスを直接入力するか、キーワードでホームページを検索します。
②《ダウンロード》をクリックします。
③《アプリケーション》の《PowerPoint》をクリックします。
④《PowerPoint 2019 応用》をクリックします。
⑤「fpt1818.zip」をクリックします。
⑥ダウンロードが完了したら、ブラウザーを終了します。
※ダウンロードしたファイルは、パソコン内のフォルダー「ダウンロード」に保存されます。

◆ダウンロードしたファイルの解凍

ダウンロードしたファイルは圧縮されているので、解凍(展開)します。
ダウンロードしたファイル「fpt1818.zip」を《ドキュメント》に解凍する方法は、次のとおりです。

①デスクトップ画面を表示します。
②タスクバーの ■ (エクスプローラー) をクリックします。

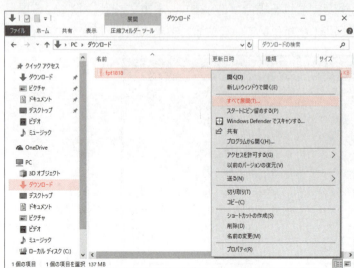

③《ダウンロード》をクリックします。
※《ダウンロード》が表示されていない場合は、《PC》をダブルクリックします。
④ファイル「fpt1818」を右クリックします。
⑤《すべて展開》をクリックします。

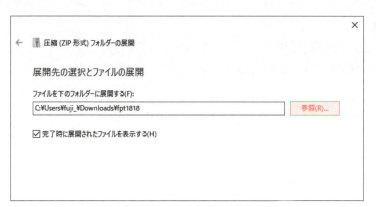

⑥《参照》をクリックします。

⑦《ドキュメント》をクリックします。
※《ドキュメント》が表示されていない場合は、《PC》をダブルクリックします。
⑧《フォルダーの選択》をクリックします。

⑨《ファイルを下のフォルダーに展開する》が「C:¥Users¥(ユーザー名)¥Documents」に変更されます。
⑩《完了時に展開されたファイルを表示する》を ☑ にします。
⑪《展開》をクリックします。

⑫ファイルが解凍され、《ドキュメント》が開かれます。
⑬フォルダー「PowerPoint2019応用」が表示されていることを確認します。
※すべてのウィンドウを閉じておきましょう。

◆学習ファイルの一覧

フォルダー「PowerPoint2019応用」には、学習ファイルが入っています。タスクバーの ■（エクスプローラー）→《PC》→《ドキュメント》をクリックし、一覧からフォルダーを開いて確認してください。

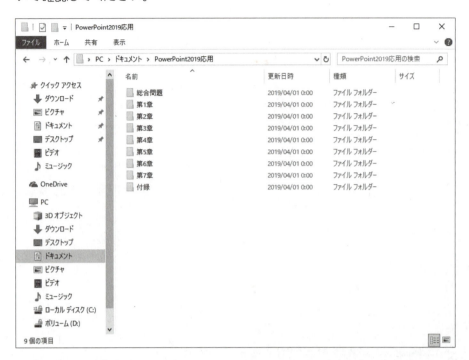

◆学習ファイルの場所

本書では、学習ファイルの場所を《ドキュメント》内のフォルダー「PowerPoint2019応用」としています。《ドキュメント》以外の場所に解凍した場合は、フォルダーを読み替えてください。

◆学習ファイル利用時の注意事項

ダウンロードした学習ファイルを開く際、そのファイルが安全かどうかを確認するメッセージが表示される場合があります。学習ファイルは安全なので、《編集を有効にする》をクリックして、編集可能な状態にしてください。

6 本書の最新情報について

本書に関する最新のQ＆A情報や訂正情報、重要なお知らせなどについては、FOM出版のホームページでご確認ください。

ホームページ・アドレス

http://www.fom.fujitsu.com/goods/

ホームページ検索用キーワード

FOM出版

第1章

画像の加工

Check	この章で学ぶこと	9
Step1	作成するプレゼンテーションを確認する	10
Step2	画像の外観を変更する	12
Step3	画像を回転する	16
Step4	画像をトリミングする	20
Step5	図のスタイルをカスタマイズする	27
Step6	画像の背景を削除する	30
練習問題		37

第1章 この章で学ぶこと

学習前に習得すべきポイントを理解しておき、
学習後には確実に習得できたかどうかを振り返りましょう。

1	画像にアート効果を設定できる。	☑☑☑ ➡ P.13
2	画像の色のトーンを変更できる。	☑☑☑ ➡ P.14
3	画像を回転できる。	☑☑☑ ➡ P.16
4	縦横比を指定して画像をトリミングできる。	☑☑☑ ➡ P.21
5	数値を指定して画像のサイズを変更できる。	☑☑☑ ➡ P.24
6	図形に合わせて画像をトリミングできる。	☑☑☑ ➡ P.26
7	図のスタイルをカスタマイズできる。	☑☑☑ ➡ P.27
8	画像の背景を削除できる。	☑☑☑ ➡ P.30

Step 1 作成するプレゼンテーションを確認する

1 作成するプレゼンテーションの確認

次のようなプレゼンテーションを作成しましょう。

1枚目

2枚目

3枚目

4枚目

5枚目

6枚目

第1章 画像の加工

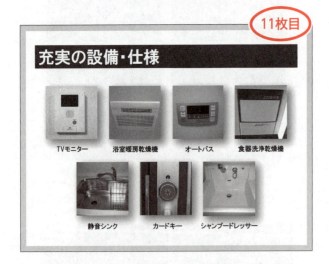
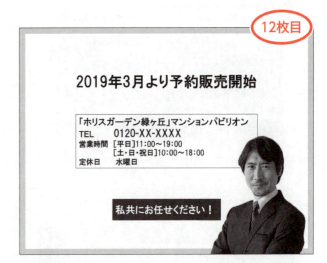

Step2 画像の外観を変更する

1 作成するスライドの確認

次のようなスライドを作成しましょう。

アート効果の適用
色のトーンの変更

色のトーンの変更

色の変更

2 アート効果の設定

「アート効果」を使うと、写真をスケッチや水彩画などのようなタッチに変更することができます。瞬時にデザイン性の高い外観に変更できるので便利です。

●鉛筆：スケッチ

●ペイント：ブラシ

●パッチワーク

●カットアウト

スライド1の画像にアート効果「**パステル：滑らか**」を設定しましょう。

 フォルダー「第1章」のプレゼンテーション「画像の加工」を開いておきましょう。

①スライド1を選択します。
②画像を選択します。

③《**書式**》タブを選択します。
④《**調整**》グループの アート効果 （アート効果）をクリックします。
⑤《**パステル：滑らか**》をクリックします。
※一覧の効果をポイントすると、適用結果がスライドで確認できます。

POINT リアルタイムプレビュー

「リアルタイムプレビュー」とは、一覧の選択肢をポイントして、設定後の結果を確認できる機能です。設定前に確認できるため、繰り返し設定しなおす手間を省くことができます。

画像にアート効果が設定されます。

> **POINT　アート効果の解除**
>
> アート効果を設定した画像をもとの状態に戻す方法は、次のとおりです。
> ◆画像を選択→《書式》タブ→《調整》グループの アート効果 （アート効果）→《なし》

3　色のトーンの変更

 色 （色）を使うと、画像の色の彩度（鮮やかさ）やトーン（色調）を調整したり、セピアや白黒、テーマに合わせた色などに変更したりできます。
「**色のトーン**」は、色温度を4700K～11200Kの間で指定でき、数値が大きくなるほど温かみのある色合いに調整できます。

スライド1の画像の色のトーンを「**温度：8800K**」に変更しましょう。

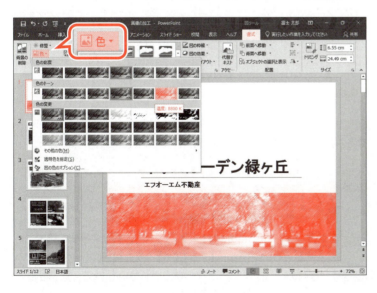

①スライド1を選択します。
②画像を選択します。
③《**書式**》タブを選択します。
④《**調整**》グループの 色 （色）をクリックします。
⑤《**色のトーン**》の《**温度：8800K**》をクリックします。

第1章 画像の加工

色のトーンが変更されます。

> **POINT 画像のリセット**
>
> 画像に行った様々な調整を一度に取り消すことができます。
> 画像をリセットする方法は、次のとおりです。
> ◆画像を選択→《書式》タブ→《調整》グループの（図のリセット）

STEP UP 画像の色の変更

(色)の「色の変更」を使うと、画像の色をグレースケールやセピアなどの色に変更できます。

STEP UP 画像の色の彩度

(色)の「色の彩度」を使うと、画像の色の彩度（鮮やかさ）を調整できます。
色の鮮やかさを0%～400%の間で指定でき、0%に近いほど色が失われてグレースケールに近くなり、数値が大きくなるにつれて鮮やかさが増します。

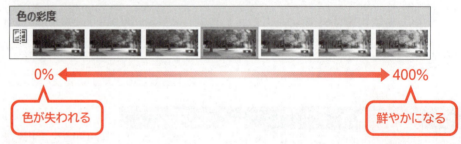

0% ← → 400%
色が失われる　　　　　　　　　　　鮮やかになる

Let's Try ためしてみよう

次のようにスライドを編集しましょう。
① スライド4のSmartArtグラフィック内の左下の画像の色をセピアに変更しましょう。
② スライド4のSmartArtグラフィック内の右上の画像の色のトーンを「温度：8800K」に変更しましょう。

Let's Try Answer

①
①スライド4を選択
②SmartArtグラフィック内の左下の画像を選択
③《図ツール》の《書式》タブを選択
※《図ツール》が表示されていない場合は、右側の《書式》タブを選択します。
④《調整》グループの (色)をクリック
⑤《色の変更》の《セピア》(左から3番目、上から1番目)をクリック

②
①スライド4を選択
②SmartArtグラフィック内の右上の画像を選択
③《図ツール》の《書式》タブを選択
※《図ツール》が表示されていない場合は、右側の《書式》タブを選択します。
④《調整》グループの (色)をクリック
⑤《色のトーン》の《温度：8800K》(左から6番目)をクリック

Step3 画像を回転する

1 作成するスライドの確認

次のようなスライドを作成しましょう。

2 画像の回転

デジタルカメラを縦向きにして撮影した写真をPowerPointに挿入すると、横向きで表示されることがあります。
「**オブジェクトの回転**」を使うと、挿入した画像を90度回転したり、左右または上下に反転したりできます。また、画像を選択したときに表示される 🔄 をドラッグすることで、任意の角度に回転することもできます。

1 画像の挿入

スライド2にフォルダー「**第1章**」の画像「**リビングルーム**」を挿入しましょう。

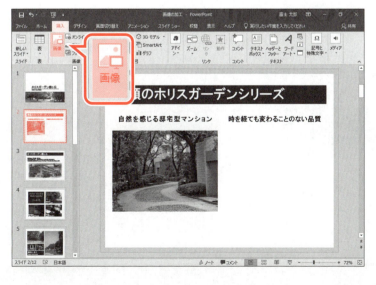

①スライド2を選択します。
②《**挿入**》タブを選択します。
③《**画像**》グループの (図)をクリックします。

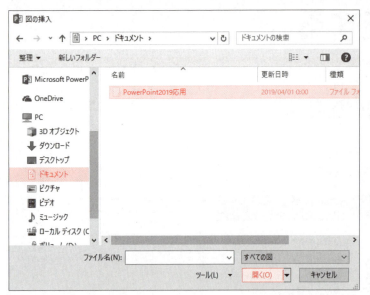

《**図の挿入**》ダイアログボックスが表示されます。
画像が保存されている場所を選択します。
④左側の一覧から《**ドキュメント**》を選択します。
※《ドキュメント》が表示されていない場合は、《PC》をダブルクリックします。
⑤右側の一覧から「**PowerPoint2019応用**」を選択します。
⑥《**開く**》をクリックします。

⑦一覧から「**第1章**」を選択します。
⑧《**開く**》をクリックします。
挿入する画像を選択します。
⑨一覧から「**リビングルーム**」を選択します。
⑩《**挿入**》をクリックします。

画像が挿入されます。
※リボンに《図ツール》の《書式》タブが表示されます。

2 画像の回転

画像「リビングルーム」のサイズを調整し、右に90度回転しましょう。

① 画像を選択します。
② 図のように、画像の○(ハンドル)をドラッグしてサイズを変更します。

③《書式》タブを選択します。
④《配置》グループの (オブジェクトの回転)をクリックします。
⑤《右へ90度回転》をクリックします。

画像が回転します。

⑥図のように、画像をドラッグして移動します。
※移動中、スマートガイドと呼ばれる点線が表示されます。

画像が移動します。
※画像のサイズを調整しておきましょう。

STEP UP 画像の反転

画像を上下または左右に反転できます。
画像を反転する方法は、次のとおりです。
◆画像を選択→《書式》タブ→《配置》グループの （オブジェクトの回転）→《上下反転》／《左右反転》

POINT スマートガイド

ドラッグ操作で画像や図形などのオブジェクトの移動やコピーをしたり、サイズを変更したりすると、ドラッグ中に「スマートガイド」という点線が表示されます。
オブジェクトの移動やコピーをする場合は、移動中のオブジェクトがほかのオブジェクトの上端や下端、中心などにそろう位置や、ほかのオブジェクトと等間隔に配置される位置に表示されます。
サイズを変更する場合は、ほかのオブジェクトと同じサイズになる位置に表示されます。
オブジェクトの移動やコピーをしたり、サイズを変更したりするときは、スマートガイドを目安にするとよいでしょう。

Step 4 画像をトリミングする

1 作成するスライドの確認

次のようなスライドを作成しましょう。

縦横比を指定してトリミング

図形に合わせてトリミング

2 画像のトリミング

画像の上下左右の不要な部分を切り取って必要な部分だけ残すことを「**トリミング**」といいます。
画像をトリミングする場合、自由なサイズでトリミングすることもできますが、縦横比を指定してトリミングしたり、四角形や円などの図形の形に合わせてトリミングしたりすることもできます。

3 縦横比を指定してトリミング

複数の画像を同じサイズにそろえる場合、縦横比を指定して画像をトリミングすると効率的です。
縦横比を指定して画像のサイズをそろえる手順は、次のとおりです。

1 縦横比を指定して画像をトリミング

縦横比の異なる画像を選択し、縦横比を指定してトリミングします。

1:1でトリミング

2 画像の位置やサイズを調整

トリミングした画像の位置やサイズを調整します。

1 縦横比を指定してトリミング

スライド2の画像を縦横比「1:1」でトリミングし、画像の表示位置を変更しましょう。

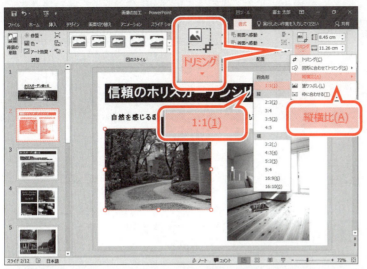

①スライド2を選択します。
②左の画像を選択します。
③《書式》タブを選択します。
④《サイズ》グループの (トリミング) の をクリックします。
⑤《縦横比》をポイントします。
⑥《四角形》の《1:1》をクリックします。

縦横比「1:1」でトリミングされ、表示されない部分がグレーで表示されます。
トリミングの範囲を変更します。
⑦左下の ┗ をポイントします。
マウスポインターの形が ┗ に変わります。

⑧[Shift]を押しながら、図のように右上にドラッグします。
※[Shift]を押しながらドラッグすると、縦横比を固定したままサイズを変更できます。

縦横比が1：1のまま、トリミングの範囲が変更されます。

画像の表示位置を変更します。

⑨画像をポイントします。

※カラーの部分でもグレーの部分でもかまいません。

マウスポインターの形が✥に変わります。

⑩図のように、画像を左にドラッグします。

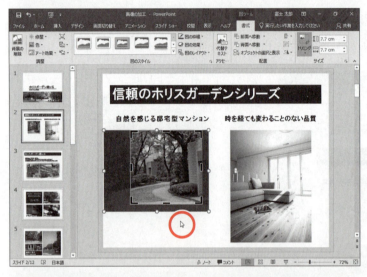

画像の表示位置が変更されます。

トリミングを確定します。

⑪トリミングした画像以外の場所をクリックします。

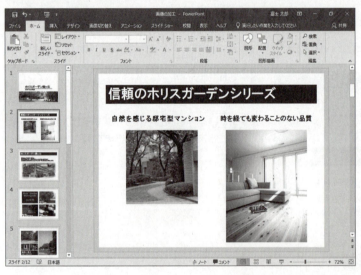

トリミングが確定します。

> **STEP UP** 写真の縦横比
>
> デジタルカメラで撮影した写真は、デジタルカメラの種類や設定によって縦横比が異なる場合があります。例えば、通常のデジタルカメラで撮影した写真は3：4、一眼レフなどのカメラで撮影した写真は2：3などの縦横比になります。
> 異なるデジタルカメラで撮影した写真は、スライドに挿入したあとで同じ縦横比にトリミングすると写真のサイズをそろえることができます。

2 画像のサイズ変更と移動

画像のサイズは、ドラッグして変更するだけでなく、数値を指定して変更することもできます。
複数の画像のサイズをそろえる場合は、数値を指定して変更するとよいでしょう。
画像のサイズを高さ「11cm」、幅「11cm」に変更し、位置を調整しましょう。

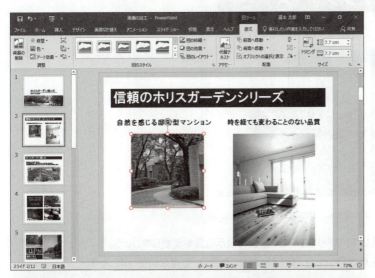

①左の画像を選択します。

②《**書式**》タブを選択します。
③《**サイズ**》グループの (図形の高さ) を「11cm」に設定します。
④《**サイズ**》グループの (図形の幅) が自動的に「11cm」になったことを確認します。
画像のサイズが変更されます。

⑤画像をドラッグして移動します。

Let's Try ためしてみよう

次のようにスライドを編集しましょう。

①スライド2の右の画像を縦横比「1:1」でトリミングし、画像の表示位置を変更しましょう。
②スライド2の右の画像のサイズを高さ「11cm」、幅「11cm」に変更し、位置を調整しましょう。

Let's Try Answer

①

①スライド2を選択
②右の画像を選択
③《書式》タブを選択
④《サイズ》グループの  (トリミング)の トリミング をクリック
⑤《縦横比》をポイント
⑥《四角形》の《1:1》をクリック
⑦ Shift を押しながら、画像の ┓ をドラッグして、トリミングの範囲を変更
⑧画像をドラッグして画像の表示位置を調整
⑨画像以外の場所をクリック

②

①スライド2を選択
②右の画像を選択
③《書式》タブを選択
④《サイズ》グループの (図形の高さ)を「11cm」に設定
⑤《サイズ》グループの (図形の幅)が「11cm」になったことを確認
⑥画像をドラッグして移動

第1章 画像の加工

25

4 図形に合わせてトリミング

「図形に合わせてトリミング」を使うと、画像を雲や星、吹き出しなどの図形の形状に切り抜くことができます。
スライド8の画像を角の丸い四角形の形にトリミングしましょう。
※設定する項目名が一覧にない場合は、任意の項目を選択してください。

① スライド8を選択します。
② サクラの画像を選択します。
③ 【Shift】を押しながら、「**アサガオ**」「**モミジ**」「**サザンカ**」の画像を選択します。
④ 《**書式**》タブを選択します。
⑤ 《**サイズ**》グループの （トリミング）の トリミング をクリックします。
⑥ 《**図形に合わせてトリミング**》をポイントします。
⑦ 《**四角形**》の □ （四角形：角を丸くする）をクリックします。

角の丸い四角形にトリミングされます。

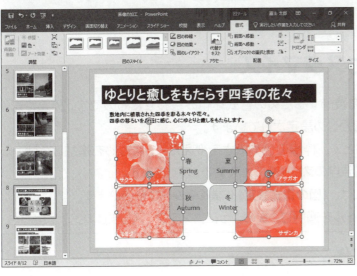

STEP UP 画像の圧縮

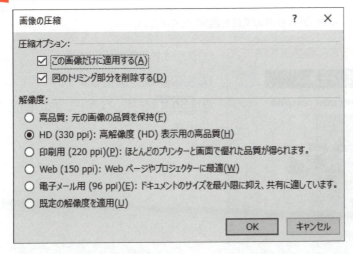

「図の圧縮」を使うと、画像をトリミングしたときの不要な部分を削除できます。また、プレゼンテーションをメールで送信したり、Webサイトに掲載したりするのに適した解像度に画像を圧縮することもできます。画像を圧縮すると、ファイルサイズを小さくできます。
画像を圧縮する方法は、次のとおりです。

◆画像を選択→《**書式**》タブ→《**調整**》グループの （図の圧縮）

Step 5 図のスタイルをカスタマイズする

1 作成するスライドの確認

次のようなスライドを作成しましょう。

図のスタイルのカスタマイズ

2 図のスタイルのカスタマイズ

「**図のスタイル**」とは、画像を装飾するための書式を組み合わせたものです。枠線や影、光彩などの様々な効果があらかじめ設定されています。

画像にスタイルを適用したあとで、枠線の色や太さを変えたり、ぼかしを追加したりするなど、自由に書式を変更して独自のスタイルにカスタマイズできます。

スタイルをカスタマイズするには、《**図の書式設定**》作業ウィンドウを使います。

スライド2の2つの画像にスタイルを適用し、次のようにカスタマイズしましょう。

スタイル	：メタルフレーム
線の幅	：17pt
影のスタイル	：オフセット：右下
影の距離	：10pt

※設定する項目名が一覧にない場合は、任意の項目を選択してください。

①スライド2を選択します。
②左の画像を選択します。
③[Shift]を押しながら、右の画像を選択します。

④《書式》タブを選択します。
⑤《図のスタイル》グループの ▼（その他）をクリックします。
⑥《メタルフレーム》をクリックします。

画像にスタイルが適用されます。
⑦2つの画像が選択されていることを確認します。
⑧画像を右クリックします。
※選択されている画像であれば、どちらでもかまいません。
⑨《オブジェクトの書式設定》をクリックします。

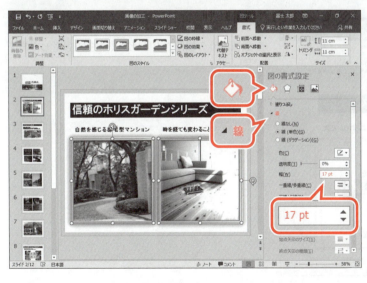

《図の書式設定》作業ウィンドウが表示されます。
⑩ （塗りつぶしと線）をクリックします。
⑪《線》をクリックします。
⑫《幅》を「17pt」に設定します。

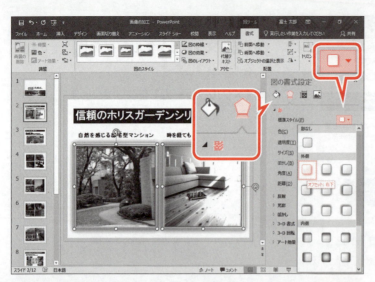

⑬ (効果)をクリックします。
⑭《影》をクリックします。
⑮《標準スタイル》の (影)をクリックします。
⑯《外側》の《オフセット：右下》をクリックします。

⑰《距離》を「10pt」に設定します。
⑱作業ウィンドウの ✕ (閉じる)をクリックします。

スタイルが変更されます。
※画像以外の場所をクリックし、選択を解除しておきましょう。

> **STEP UP** 画像の変更
>
> スライド上の画像を、あとで別の画像に変更する場合、画像を挿入しなおすとサイズやスタイルを再度設定する必要があります。「図の変更」を使うと、サイズやスタイルを保持したままで画像を変更することができます。
> 画像を変更する方法は、次のとおりです。
> ◆画像を選択→《書式》タブ→《調整》グループの (図の変更)

Step 6 画像の背景を削除する

1 作成するスライドの確認

次のようなスライドを作成しましょう。

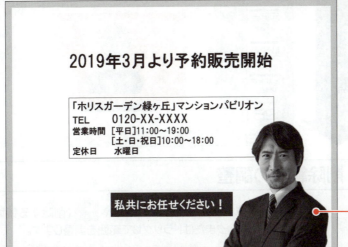

画像の背景の削除

2 背景の削除

「**背景の削除**」を使うと、撮影時に写りこんだ建物や人物など不要なものを削除できます。画像の一部分だけを表示したい場合などに使うと便利です。
背景を削除する手順は、次のとおりです。

1 背景を削除する画像を選択

背景を削除する画像を選択し、《書式》タブ→《調整》グループの （背景の削除）をクリックします。

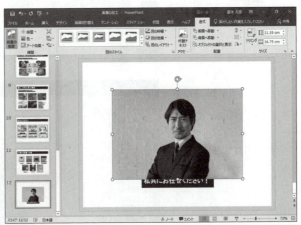

30

2 削除範囲の自動認識

削除される範囲が自動的に認識されます。削除される範囲は紫色で表示されます。

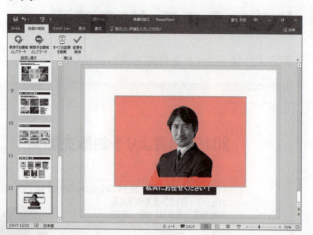

3 削除範囲の調整

 (保持する領域としてマーク) や (削除する領域としてマーク) を使って、クリックまたはドラッグして範囲を調整します。

4 削除範囲の確定

 (背景の削除を終了して、変更を保持する) をクリックして、削除する範囲を確定します。
再度、 (背景の削除) をクリックすると範囲を調整できます。

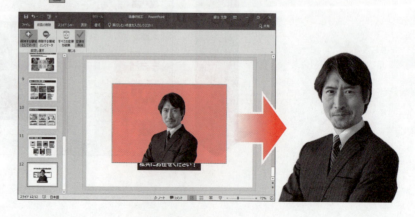

1 背景の削除

スライド12にフォルダー「**第1章**」の画像「**担当者**」を挿入し、画像の背景を削除しましょう。

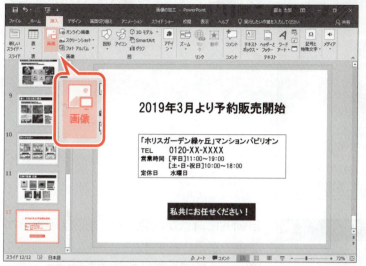

①スライド12を選択します。
②《**挿入**》タブを選択します。
③《**画像**》グループの (図)をクリックします。

《**図の挿入**》ダイアログボックスが表示されます。
画像が保存されている場所を選択します。
④フォルダー「**第1章**」が開かれていることを確認します。
※「第1章」が開かれていない場合は、《PC》→《ドキュメント》→「PowerPoint2019応用」→「第1章」を選択します。
挿入する画像を選択します。
⑤一覧から「**担当者**」を選択します。
⑥《**挿入**》をクリックします。

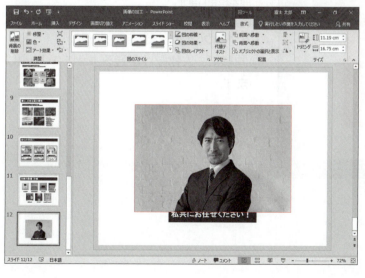

画像が挿入されます。

⑦画像を選択します。
⑧《書式》タブを選択します。
⑨《調整》グループの (背景の削除) をクリックします。

自動的に背景が認識され、削除する部分が紫色で表示されます。
※リボンに《背景の削除》タブが表示されます。
保持する範囲を調整します。
⑩《背景の削除》タブを選択します。
⑪《設定し直す》グループの (保持する領域としてマーク) をクリックします。
マウスポインターの形が に変わります。
⑫図の位置をクリックします。
※腕に沿ってドラッグしてもかまいません。

クリックした部分が保持する領域として認識されます。
※削除する領域としてマークする場合は、 (削除する領域としてマーク) をクリックして、削除する範囲を指定します。
※範囲の指定をやり直したい場合は、 (元に戻す) をクリックします。
⑬同様に、人物だけが残るようにクリックします。

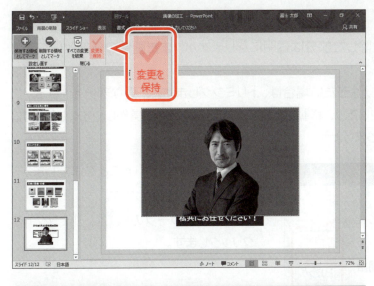

削除する範囲を確定します。

⑭《閉じる》グループの ✓（背景の削除を終了して、変更を保持する）をクリックします。

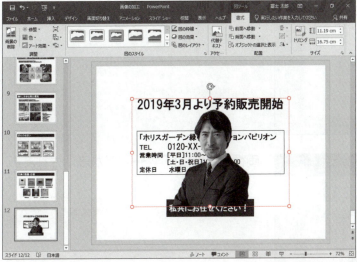

背景が削除され、人物だけが残ります。

POINT 《背景の削除》タブ

(背景の削除) をクリックすると、リボンに《背景の削除》タブが表示され、リボンが切り替わります。
《背景の削除》タブでは、次のようなことができます。

❶ 保持する領域としてマーク
削除する範囲として認識された部分を、削除しないように手動で設定します。

❷ 削除する領域としてマーク
削除しない（保持する）範囲として認識された部分を、削除するように手動で設定します。

❸ 背景の削除を終了して、変更を破棄する
設定した内容を破棄して、背景の削除を終了します。

❹ 背景の削除を終了して、変更を保持する
設定した範囲を削除して、背景の削除を終了します。

2 画像のトリミング

画像の背景を削除すると削除した部分は透明になりますが、まだ画像の一部として認識されています。

削除した部分を画像から取り除きたい場合は、トリミングします。不要な部分をトリミングすると、画像のサイズを変更したり、移動したりするときに直感的に操作しやすくなります。

画像「**担当者**」をトリミングしましょう。

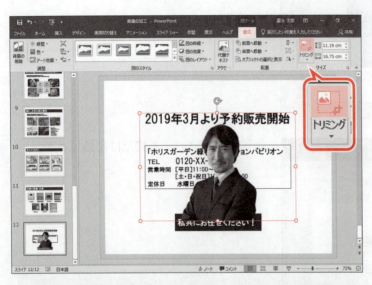

①画像が選択されていることを確認します。
②《**書式**》タブを選択します。
③《**サイズ**》グループの をクリックします。

画像の周囲に┏や━などが表示されます。

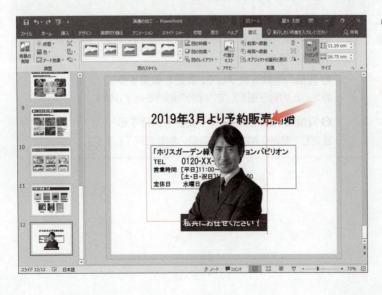

④図のように、右上の┓をドラッグします。

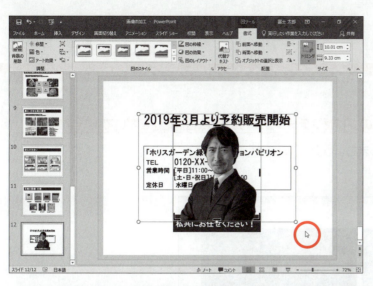

⑤同様に、左下の└をドラッグします。
⑥画像以外の場所をクリックします。

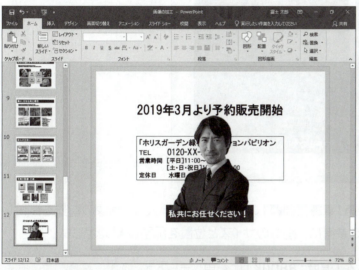

トリミングが確定します。

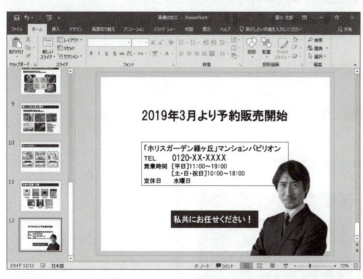

⑦画像をドラッグして移動します。
※プレゼンテーションに「画像の加工完成」と名前を付けて、フォルダー「第1章」に保存し、閉じておきましょう。

練習問題

解答 ▶ 別冊P.1

 フォルダー「第1章練習問題」のプレゼンテーション「第1章練習問題」を開いておきましょう。

次のようにスライドを編集しましょう。

●完成図

① スライド6にフォルダー「**第1章練習問題**」の画像「**本**」を挿入し、画像の背景を削除しましょう。次に、完成図を参考に、画像のサイズと位置を調整しましょう。

② 左上の画像の色のトーンを「**温度：8800K**」に変更しましょう。

③ 左下の画像の色の彩度を「**彩度：200％**」に変更しましょう。

④ 右の画像の色を「**セピア**」に変更しましょう。

次のようにスライドを編集しましょう。

●完成図

⑤ スライド7にフォルダー「第1章練習問題」の画像「川」を挿入しましょう。
次に、画像を左に90度回転し、完成図を参考に、画像のサイズと位置を調整しましょう。

次のようにスライドを編集しましょう。
※設定する項目名が一覧にない場合は、任意の項目を選択してください。

●完成図

⑥ スライド8にフォルダー「第1章練習問題」の次の画像を挿入しましょう。

```
春：画像「サクラ」
夏：画像「アサガオ」
冬：画像「サザンカ」
```

次に、挿入した画像を縦横比「4：3」でトリミングし、次のような書式を設定しましょう。

```
サイズ：高さ 5.5cm　幅 7.33cm
最背面に配置
```

Hint! 画像を最背面に配置するには、《書式》タブ→《配置》グループの [背面へ移動] （背面へ移動）の を使います。

⑦ 4つの画像にスタイルを適用し、次のようにカスタマイズしましょう。

```
スタイル　　　：四角形、面取り
影のスタイル　：オフセット：右下
影の透明度　　：70%
影のぼかし　　：10pt
影の距離　　　：10pt
```

⑧ 4つの画像にアート効果「セメント」を設定しましょう。

次のようにスライドを編集しましょう。
※設定する項目名が一覧にない場合は、任意の項目を選択してください。

●完成図

⑨ スライド10のSmartArtグラフィック内の3つの画像に**「オレンジ、アクセント1」**の枠線を設定し、角の丸い四角形にトリミングしましょう。

※プレゼンテーションに「第1章練習問題完成」と名前を付けて、フォルダー「第1章練習問題」に保存し、閉じておきましょう。

第2章

グラフィックの活用

Check	この章で学ぶこと	41
Step1	作成するちらしを確認する	42
Step2	スライドのサイズを変更する	43
Step3	スライドのテーマをアレンジする	47
Step4	画像を配置する	50
Step5	グリッド線とガイドを表示する	52
Step6	図形を作成する	56
Step7	図形に書式を設定する	61
Step8	オブジェクトの配置を調整する	65
Step9	図形を組み合わせてオブジェクトを作成する	71
Step10	テキストボックスを配置する	77
練習問題		86

第2章 この章で学ぶこと

学習前に習得すべきポイントを理解しておき、
学習後には確実に習得できたかどうかを振り返りましょう。

1	スライドのサイズや向きを変更できる。	☑☑☑	→ P.43
2	スライドのレイアウトを変更できる。	☑☑☑	→ P.46
3	テーマの配色やフォントを変更できる。	☑☑☑	→ P.47
4	画像を配置できる。	☑☑☑	→ P.50
5	グリッド線とガイドを設定できる。	☑☑☑	→ P.52
6	図形に枠線や塗りつぶし、回転などの書式を設定できる。	☑☑☑	→ P.61
7	図形の表示順序を変更できる。	☑☑☑	→ P.65
8	図形をグループ化できる。	☑☑☑	→ P.67
9	図形を整列できる。	☑☑☑	→ P.68
10	図形を結合できる。	☑☑☑	→ P.74
11	テキストボックスを作成し、書式を設定できる。	☑☑☑	→ P.77

Step 1 作成するちらしを確認する

1 作成するちらしの確認

次のようなちらしを作成しましょう。

- 図形の回転
- 表示順序の変更
- グループ化
- 図形の整列
- 画像の配置
- テキストボックスの作成
- テキストボックスの書式設定
- 図形の結合
- スライドのサイズの変更
- スライドのレイアウトの変更
- テーマの配色とフォントの変更

Step 2 スライドのサイズを変更する

1 スライドのサイズの変更

「**スライドのサイズ**」を使うと、スライドの縦横比やサイズを変更できます。
通常のスライドを作成する場合は、スライドの縦横比をモニターの縦横比に合わせて作成します。ポスターやちらしなどのように紙に出力して利用する場合や、35mmスライドなどを作成する場合は、スライドのサイズを実際の用紙サイズに合わせて変更する必要があります。
スライドのサイズを「**A4**」、スライドの向きを「**縦**」に設定しましょう。

 PowerPointを起動し、新しいプレゼンテーションを作成しておきましょう。

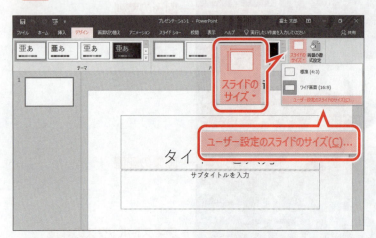

① 《**デザイン**》タブを選択します。
② 《**ユーザー設定**》グループの (スライドのサイズ)をクリックします。
③ 《**ユーザー設定のスライドのサイズ**》をクリックします。

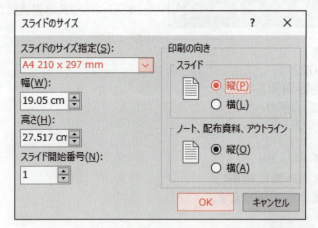

《**スライドのサイズ**》ダイアログボックスが表示されます。
④ 《**スライドのサイズ指定**》の をクリックし、一覧から《**A4**》を選択します。
⑤ 《**スライド**》の《**縦**》を◉にします。
⑥ 《**OK**》をクリックします。

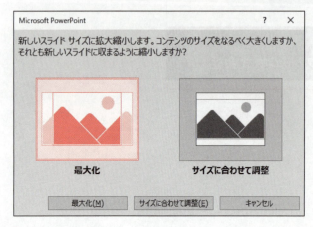

《**Microsoft PowerPoint**》ダイアログボックスが表示されます。
⑦ 《**最大化**》をクリックします。
※現段階では、スライドに何も配置していないので、《サイズに合わせて調整》を選択してもかまいません。

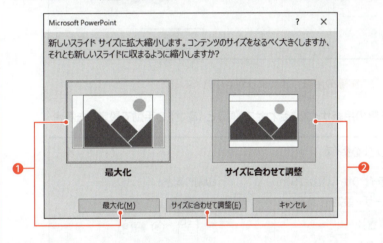

スライドのサイズと向きが変更されます。

POINT スライドのサイズ変更時のオブジェクトのサイズ調整

あらかじめ画像や図形などのオブジェクトが挿入されているスライドのサイズを変更する場合は、オブジェクトのサイズの調整方法を選択します。オブジェクトのサイズの調整方法は、次のとおりです。

❶**最大化**
スライドのサイズを拡大する場合に選択します。選択すると、スライド上に表示されているオブジェクトがスライドよりも大きく表示される場合があります。

❷**サイズに合わせて調整**
スライドのサイズを縮小する場合に選択します。選択すると、スライド上に表示されているオブジェクトのサイズも縮小されて表示されます。

POINT スライドのサイズ指定

ちらしやポスター、はがきなどを印刷して使う場合には、印刷する用紙サイズに合わせてスライドのサイズを変更します。
用紙の周囲ぎりぎりまで印刷したい場合は、スライドのサイズを指定したあとで、実際の用紙サイズに合わせて、スライドの《幅》と《高さ》を変更する必要があります。
※用紙の周囲ぎりぎりまで印刷するには、フチなし印刷に対応しているプリンターが必要です。

●《スライドのサイズ指定》で用紙サイズを選択した場合

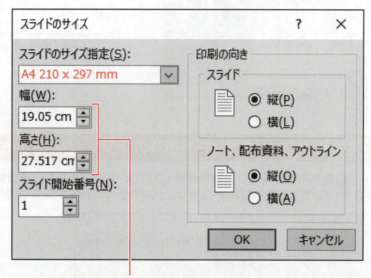

実際の用紙サイズよりやや小さくなる

●実際の用紙サイズに合わせて《幅》と《高さ》を手動で設定した場合

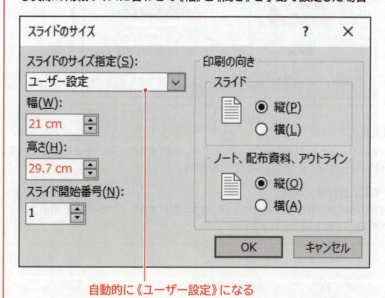

自動的に《ユーザー設定》になる

2 スライドのレイアウトの変更

新しいプレゼンテーションを作成すると、プレゼンテーションのタイトルを入力するための「**タイトルスライド**」が表示されます。
スライドには「**タイトルとコンテンツ**」や「**2つのコンテンツ**」といった様々なレイアウトが用意されており、レイアウトを選択するだけで、簡単にスライドのレイアウトを変更できます。
ちらしを作成するため、スライドのレイアウトを「**タイトルスライド**」から「**白紙**」に変更しましょう。

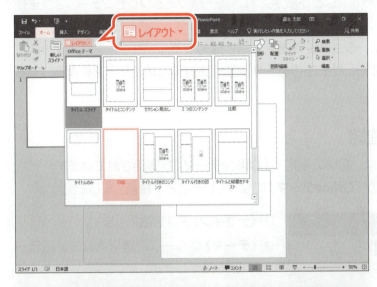

①《**ホーム**》タブを選択します。
②《**スライド**》グループの （スライドのレイアウト）をクリックします。
③《**白紙**》をクリックします。

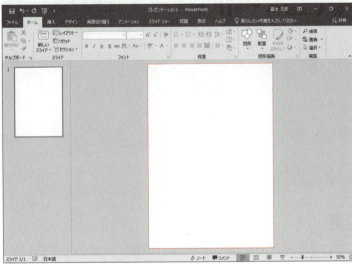

スライドのレイアウトが白紙に変更されます。

STEP UP その他の方法（スライドのレイアウトの変更）

◆スライドを右クリック→《レイアウト》

Step3 スライドのテーマをアレンジする

1 テーマの適用

PowerPointでは、見栄えのするテーマが数多く用意されています。各テーマには、配色やフォント、効果などが登録されています。テーマを適用すると、そのテーマの色の組み合わせやフォント、図形のデザインなどが設定され、統一感のあるプレゼンテーションを作成できます。
スライド数の多いプレゼンテーションを作成する場合はもちろん、ちらしやポスターなど1枚の作品を作成する場合にも、統一感のある作品に仕上げるためにテーマを適用しておくとよいでしょう。

1 現在のテーマの確認

プレゼンテーションのテーマは、初期の設定で「Officeテーマ」が適用されています。
プレゼンテーションのテーマが「Officeテーマ」になっていることを確認しましょう。

①《デザイン》タブを選択します。
②《テーマ》グループの選択されているテーマをポイントします。
③《Officeテーマ：すべてのスライドで使用される》と表示されることを確認します。

2 配色とフォントの変更

プレゼンテーションに適用されているテーマの配色やフォント、効果、背景のスタイルは、それぞれ変更できます。
テーマの配色とフォントを次のように変更しましょう。

```
テーマの配色　　：赤紫
テーマのフォント：Arial　MSPゴシック　MSPゴシック
```

①《デザイン》タブを選択します。
②《バリエーション》グループの▼（その他）をクリックします。

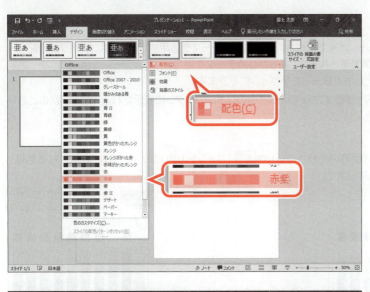

③《**配色**》をポイントします。
④《**赤紫**》をクリックします。

⑤《**バリエーション**》グループの ▼ (その他) をクリックします。
⑥《**フォント**》をポイントします。
⑦《**Arial MSPゴシック MSPゴシック**》をクリックします。

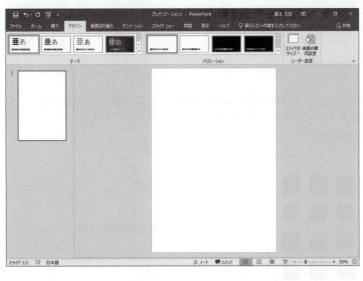

テーマの配色とフォントが変更されます。

※現段階では、スライドに何も入力していないので、適用結果がスライドで確認できません。変更した配色とフォントは、P.56「Step6 図形を作成する」以降で確認できます。

STEP UP テーマの構成

テーマは、配色・フォント・効果で構成されています。テーマを適用すると、リボンのボタンの配色・フォント・効果の一覧が変更されます。あらかじめテーマを適用し、そのテーマの色・フォント・効果を使うと、すべてのスライドを統一したデザインにできます。
テーマ「Officeテーマ」が設定されている場合のリボンのボタンに表示される内容は、次のとおりです。

●配色

《ホーム》タブの (図形の塗りつぶし) や (フォントの色) などの一覧に表示される色は、テーマの配色に対応しています。

●フォント

《ホーム》タブの (フォント) をクリックすると、一番上に表示されるフォントは、テーマのフォントに対応しています。

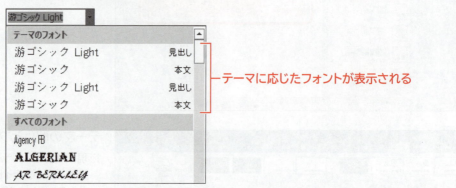

●効果

図形やSmartArtグラフィック、テキストボックスなどのオブジェクトを選択したときに表示される《デザイン》タブや《書式》タブのスタイルの一覧は、テーマの効果に対応しています。

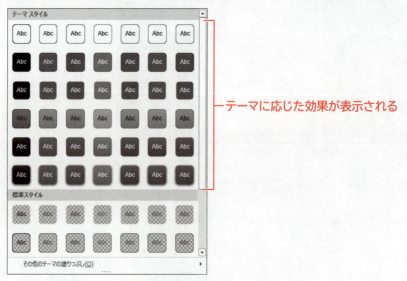

Step4 画像を配置する

1 画像の配置

ちらしやポスターなどを作成する場合に、イメージに合った画像を挿入すると、インパクトのある作品に仕上げることができます。
フォルダー「**第2章**」の画像「**写真撮影**」を挿入しましょう。

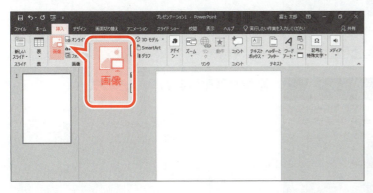

①《**挿入**》タブを選択します。
②《**画像**》グループの (図)をクリックします。

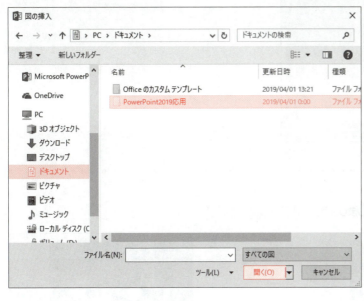

《**図の挿入**》ダイアログボックスが表示されます。
画像が保存されている場所を選択します。
③左側の一覧から《**ドキュメント**》を選択します。
※《ドキュメント》が表示されていない場合は、《PC》をダブルクリックします。
④右側の一覧から「**PowerPoint2019応用**」を選択します。
⑤《**開く**》をクリックします。

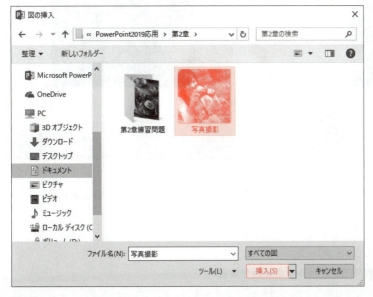

⑥一覧から「**第2章**」を選択します。
⑦《**開く**》をクリックします。
挿入する画像を選択します。
⑧一覧から「**写真撮影**」を選択します。
⑨《**挿入**》をクリックします。

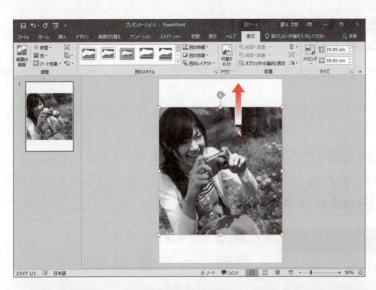

画像が挿入されます。
※リボンに《図ツール》の《書式》タブが表示されます。

⑩ [Shift]を押しながら、図のように画像を上にドラッグします。
※[Shift]を押しながらドラッグすると、横位置を固定したまま移動できます。

画像が移動します。

Let's Try ためしてみよう

次のように画像の下側をトリミングしましょう。

① 画像を選択
② 《書式》タブを選択
③ 《サイズ》グループの をクリック
④ 下側の ━ を上に向かってドラッグして、トリミングの範囲を変更
⑤ 画像以外の場所をクリック

Step 5 グリッド線とガイドを表示する

1 グリッド線とガイド

テキストボックスや画像、図形などのオブジェクトを同じ高さにそろえて配置したり、同じサイズで作成したりする場合は、スライド上に「**グリッド線**」と「**ガイド**」を表示すると作業がしやすくなります。スライド上に等間隔で表示される点を「**グリッド**」、その集まりを「**グリッド線**」といいます。グリッドの間隔は変更できます。スライドを水平方向や垂直方向に分割する線を「**ガイド**」といいます。ガイドはドラッグして移動できます。
グリッド線もガイドも画面上に表示されるだけで印刷はされません。
グリッド線やガイドを表示してそのラインに沿って配置すると、見た目にも美しく、整然とした印象の作品に仕上げることができます。

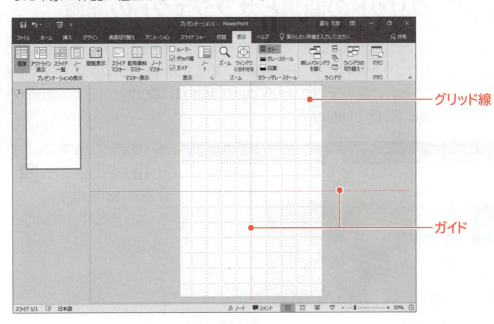

2 グリッド線とガイドの表示

スライドにグリッド線とガイドを表示しましょう。

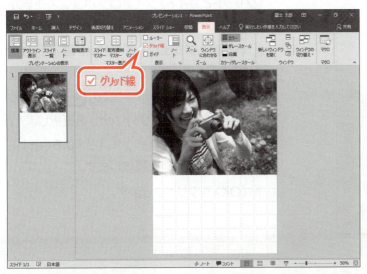

①《**表示**》タブを選択します。
②《**表示**》グループの《**グリッド線**》を☑にします。
グリッド線が表示されます。

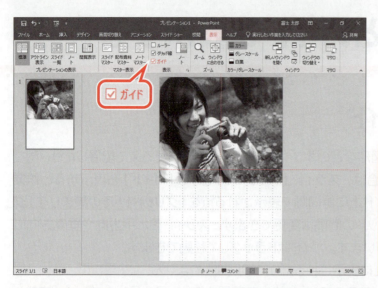

③《表示》グループの《ガイド》を☑にします。
ガイドが表示されます。

> **POINT グリッド線とガイドの非表示**
>
> グリッド線やガイドを非表示にする方法は、次のとおりです。
> ◆《表示》タブ→《表示》グループの《☐グリッド線》／《☐ガイド》

3 グリッドの間隔とオブジェクトの配置

グリッドの間隔を変更したり、オブジェクトの配置をグリッド線に合わせるかどうかを設定したりできます。グリッドの間隔は、約0.1cmから5cmの間で設定できます。
グリッドの間隔を「2グリッド/cm(0.5cm)」に設定し、オブジェクトをグリッド線に合わせるように設定しましょう。

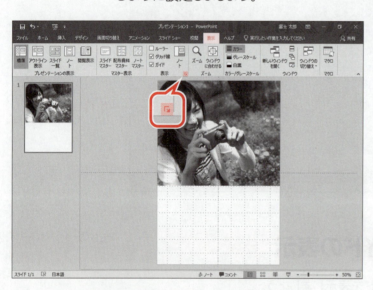

①《表示》タブを選択します。
②《表示》グループの ▣ (グリッドの設定)をクリックします。

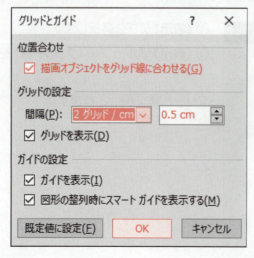

《グリッドとガイド》ダイアログボックスが表示されます。

③《描画オブジェクトをグリッド線に合わせる》を☑にします。
④《間隔》の左側のボックスの ▽ をクリックし、一覧から《2グリッド/cm》を選択します。
⑤《間隔》の右側のボックスが「0.5cm」になっていることを確認します。
⑥《OK》をクリックします。

グリッドの設定が変更されます。

STEP UP グリッドの間隔が正しく表示されない場合

画面の表示倍率（ズーム）の状態によっては、グリッドの間隔が正しく表示されない場合があります。その場合は、表示倍率を上げる（拡大する）と正しく表示されるようになります。

POINT 《グリッドとガイド》ダイアログボックス

《グリッドとガイド》ダイアログボックスでは、次のような設定ができます。

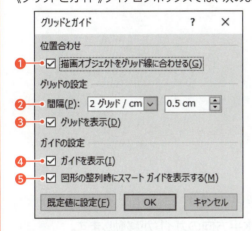

❶描画オブジェクトをグリッド線に合わせる
グリッド線に合わせてオブジェクトを配置します。

❷間隔
グリッドの間隔を設定します。
※「2グリッド/cm」は、1cmのなかに2つのグリッドを表示するという意味になり、「0.5cm」単位でグリッドが表示されます。

❸グリッドを表示
グリッドを表示します。

❹ガイドを表示
ガイドを表示します。

❺図形の整列時にスマートガイドを表示する
オブジェクトを配置するときに、スマートガイドを表示します。
※スマートガイドを使わずにオブジェクトを配置する場合は、☐にします。

4　ガイドの移動

スライドに配置するオブジェクトに合わせて、ガイドの位置を調整するとよいでしょう。ガイドはドラッグで移動できます。ガイドをドラッグすると、中心からの距離が表示されます。
水平方向のガイドを中心から上に「13.00」の位置に移動しましょう。

①水平方向のガイドをポイントします。
マウスポインターの形が÷に変わります。

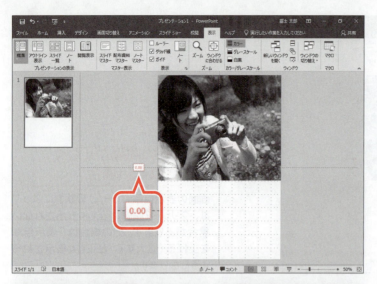

②マウスのボタンを押したままにします。

マウスのボタンを押したままにしている間、中心からの距離が表示されます。

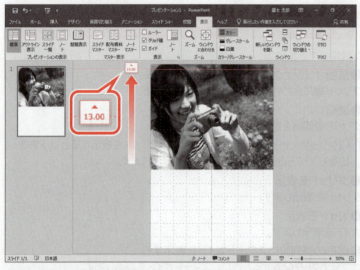

③図のように、中心からの距離が「13.00」の位置までドラッグします。

水平方向のガイドが移動します。

POINT ガイドのコピー

ガイドをコピーして複数表示できます。ガイドをコピーする場合は、 Ctrl を押しながらドラッグします。

POINT ガイドの削除

コピーしたガイドを削除する場合は、ガイドをスライドの外にドラッグします。
水平方向のガイドはスライドの上または下、垂直方向のガイドはスライドの左または右にドラッグします。

Step6 図形を作成する

1 図形を利用したタイトルの作成

次のように、図形内にひと文字ずつ入力してちらしのタイトルを作成します。

2 図形の作成

ガイドに合わせて正方形を作成しましょう。表示倍率を変更し、グリッド線とガイドを見やすくしてから操作します。

1 表示倍率の変更

画面の表示倍率を「100%」に変更しましょう。

①ステータスバーの 50% をクリックします。
※お使いの環境によって、表示されている数値が異なる場合があります。

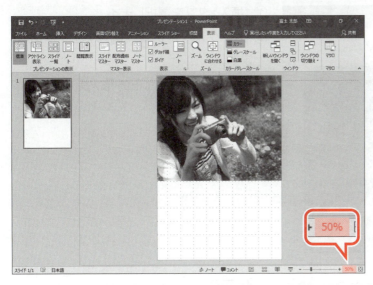

《ズーム》ダイアログボックスが表示されます。
②《倍率》の《100%》を◉にします。
③《OK》をクリックします。

画面の表示倍率が変更されます。
※スクロールして、スライドの上側を表示しておきましょう。

> 🚩 **STEP UP** その他の方法（表示倍率の変更）
> ◆《表示》タブ→《ズーム》グループの ▣ （ズーム）

2 正方形の作成

水平方向のガイドに合わせて正方形を作成しましょう。正方形を作成する場合は、Shift を押しながらドラッグします。
※設定する項目名が一覧にない場合は、任意の項目を選択してください。

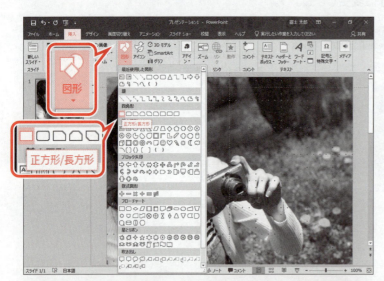

①《挿入》タブを選択します。
②《図》グループの ▣ （図形）をクリックします。
③《四角形》の □ （正方形/長方形）をクリックします。

④ Shift を押しながら、図のようにドラッグします。

正方形が作成されます。
※図形にはあらかじめスタイルが適用されています。
※リボンに《描画ツール》の《書式》タブが表示されます。

3 図形への文字の入力

作成した図形に文字を入力できます。
図形に「**写**」と入力しましょう。

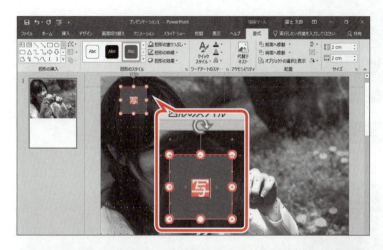

①図形が選択されていることを確認します。
②「**写**」と入力します。

③図形以外の場所をクリックします。
図形に入力した文字が確定されます。

Let's Try ためしてみよう

図形に入力されている文字のフォントサイズを48ポイントに変更しましょう。

①図形を選択
②《ホーム》タブを選択
③《フォント》グループの 18 (フォントサイズ)の をクリックし、一覧から《48》を選択

3 図形のコピーと文字の修正

同じサイズの図形を複数作成する場合は、最初に作成した図形をコピーすると効率よく作業できます。
図形をコピーし、文字を修正しましょう。

1 図形のコピー

「写」と入力された図形をコピーしましょう。

①「写」と入力された図形を選択します。
②[Ctrl]を押しながら、図のようにドラッグします。
※水平方向のガイドに合わせてドラッグします。

図形がコピーされます。

2 文字の修正

コピーした図形内の文字を「真」に修正しましょう。

①コピーした図形が選択されていることを確認します。
②「写」を選択します。

③「真」と入力します。

④図形以外の場所をクリックします。
図形に入力した文字が確定されます。

Let's Try ためしてみよう

次のように図形をコピーして、文字を修正しましょう。

①「真」と入力されている図形を選択
② Ctrl を押しながら、右にドラッグしてコピー
③「真」を「コ」に修正
④同様に、図形をコピーし、文字をそれぞれ「ン」「テ」「ス」「ト」に修正

Step7 図形に書式を設定する

1 図形の枠線

「**写**」と入力された図形の枠線の色と太さを次のように変更しましょう。

> 枠線の色　：白、背景1、黒+基本色50%
> 枠線の太さ：1.5pt

①「**写**」と入力された図形を選択します。

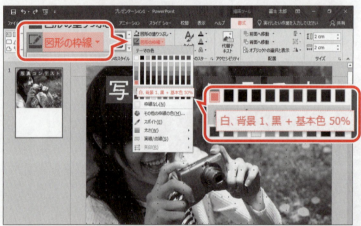

②《**書式**》タブを選択します。
③《**図形のスタイル**》グループの 図形の枠線 ▼ （図形の枠線）をクリックします。
④《**テーマの色**》の《**白、背景1、黒+基本色50%**》をクリックします。

⑤《**図形のスタイル**》グループの 図形の枠線 ▼ （図形の枠線）をクリックします。
⑥《**太さ**》をポイントします。
⑦《**1.5pt**》をクリックします。

図形の枠線の色と太さが変更されます。
※図形以外の場所をクリックし、選択を解除して、図形の枠線を確認しておきましょう。

Let's Try ためしてみよう

「写」と入力された図形に設定した枠線の色と太さを、「真」「コ」「ン」「テ」「ス」「ト」と入力されたそれぞれの図形にコピーしましょう。

Let's Try Answer

①「写」と入力された図形を選択
②《ホーム》タブを選択
③《クリップボード》グループの  (書式のコピー/貼り付け) をダブルクリック
④「真」と入力された図形をクリック
⑤同様に、「コ」「ン」「テ」「ス」「ト」と入力された図形をクリック
⑥ Esc を押す

2 図形の塗りつぶし

「真」と入力された図形の塗りつぶしの色を「青、アクセント3」に変更しましょう。

①「真」と入力された図形を選択します。

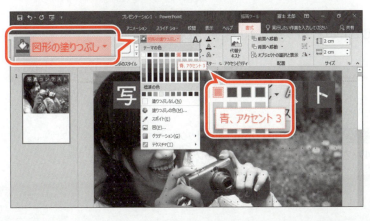

②《書式》タブを選択します。
③《図形のスタイル》グループの 図形の塗りつぶし ▼ (図形の塗りつぶし) をクリックします。
④《テーマの色》の《青、アクセント3》をクリックします。

図形の塗りつぶしの色が変更されます。

POINT スポイトを使った色の指定

「スポイト」を使うと、スライド上にあるほかの図形や画像などの色を簡単にコピーできます。色名がわからなくても図形や画像の使いたい色の部分をクリックするだけでその色を設定できるので、わざわざリボンから色を選択する必要がなく、直感的に操作できます。ほかの図形や画像などと色を合わせたいときなどに便利な機能です。
スポイトは、文字やワードアート、図形、グラフなど、色を設定できるオブジェクトすべてで使えます。
スポイトを使って別のオブジェクトに色を設定する方法は、次のとおりです。

◆色を設定したいオブジェクトを選択→《書式》タブ→《図形のスタイル》グループの 図形の塗りつぶし （図形の塗りつぶし）→《スポイト》→マウスポインターの形が に変わったら、ほかのオブジェクトの色をクリック

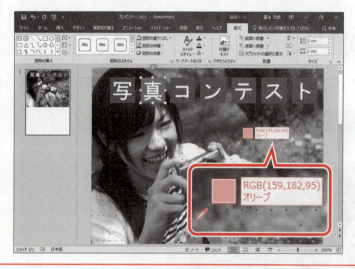

Let's Try ためしてみよう

「テ」と入力された図形の塗りつぶしの色を「青、アクセント4」に変更しましょう。

Let's Try Answer

① 「テ」と入力された図形を選択
② 《書式》タブを選択
③ 《図形のスタイル》グループの 図形の塗りつぶし （図形の塗りつぶし）をクリック
④ 《テーマの色》の《青、アクセント4》（左から8番目、上から1番目）をクリック

3 図形の回転

作成した図形は自由に回転できます。図形内に文字を入力している場合は、その文字も一緒に回転されます。

「真」と入力された図形と「ト」と入力された図形を回転しましょう。

①「**真**」と入力された図形を選択します。
②図のように、図形の上側に表示される をドラッグします。

ドラッグ中、マウスポインターの形が に変わります。

図形が回転されます。
③「**ト**」と入力された図形を選択します。
④図のように、図形の上側に表示される をドラッグします。

図形が回転されます。
※図形以外の場所をクリックし、選択を解除しておきましょう。

STEP UP 角度を指定した図形の回転

角度を指定して図形を回転することもできます。
角度を指定して図形を回転する方法は、次のとおりです。

◆図形を選択→《書式》タブ→《配置》グループの （オブジェクトの回転）→《その他の回転オプション》→《図形のオプション》→ （サイズとプロパティ）→《サイズ》→《回転》で角度を設定

Step 8 オブジェクトの配置を調整する

1 図形の表示順序

複数の図形を重ねて作成すると、あとから作成した図形が前面に表示されます。
図形の重なりの順序は自由に変更することができます。

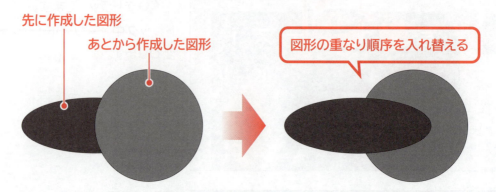

「真」と入力された図形の前面に正方形を作成し、表示順序を変更しましょう。
※設定する項目名が一覧にない場合は、任意の項目を選択してください。

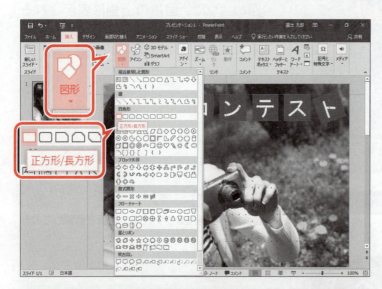

①《挿入》タブを選択します。
②《図》グループの （図形）をクリックします。
③《四角形》の □ （正方形/長方形）をクリックします。

④ Shift を押しながら、図のようにドラッグします。

「真」と入力された図形の前面に正方形が作成されます。
表示順序を変更します。
⑤「真」と入力された図形を選択します。
⑥《書式》タブを選択します。
⑦《配置》グループの ■前面へ移動 ▼（前面へ移動）の ▼ をクリックします。
⑧《最前面へ移動》をクリックします。

図形の表示順序が変更されます。

Let's Try ためしてみよう

次のようにスライドを編集しましょう。
①「ト」と入力された図形の背面に正方形を作成しましょう。正方形の塗りつぶしの色は「青、アクセント3」にします。
②「写」と入力された図形に設定した枠線の色と太さを、「真」と入力された図形の背面にある図形にコピーしましょう。
③「真」と入力された図形に設定した枠線の色と太さを、「ト」と入力された図形の背面にある図形にコピーしましょう。

Let's Try Answer

①
　①《挿入》タブを選択
　②《図》グループの （図形）をクリック
　③《四角形》の □ （正方形/長方形）をクリック
　④ Shift を押しながら、始点から終点までドラッグして、正方形を作成
　⑤あとから作成した図形が選択されていることを確認
　⑥《書式》タブを選択
　⑦《図形のスタイル》グループの 図形の塗りつぶし ▼ （図形の塗りつぶし）をクリック
　⑧《テーマの色》の《青、アクセント3》（左から7番目、上から1番目）をクリック
　⑨「ト」と入力された図形を選択
　⑩《配置》グループの ■前面へ移動 ▼ （前面へ移動）の ▼ をクリック
　⑪《最前面へ移動》をクリック

②
　①「写」と入力された図形を選択
　②《ホーム》タブを選択
　③《クリップボード》グループの （書式のコピー/貼り付け）をクリック
　④「真」と入力された図形の背面にある図形をクリック

③
　①「真」と入力された図形を選択
　②《ホーム》タブを選択
　③《クリップボード》グループの （書式のコピー/貼り付け）をクリック
　④「ト」と入力された図形の背面にある図形をクリック

2 図形のグループ化

「グループ化」とは、複数の図形をひとつの図形として扱えるようにまとめることです。グループ化すると、複数の図形の位置関係（重なり具合や間隔など）を保持したまま移動したり、サイズを変更したりできます。
「真」と入力された図形とその背面の図形をグループ化しましょう。

①「真」と入力された図形を選択します。
②[Shift]を押しながら、背面の図形を選択します。
※どちらを先に選択してもかまいません。

③《書式》タブを選択します。
④《配置》グループの （オブジェクトのグループ化）をクリックします。
⑤《グループ化》をクリックします。

2つの図形がグループ化されます。

> **STEP UP** その他の方法（グループ化）
> ◆グループ化する図形をすべて選択→選択した図形を右クリック→《グループ化》→《グループ化》

Let's Try ためしてみよう

「ト」と入力された図形とその背面の図形をグループ化しましょう。

Let's Try Answer

①「ト」と入力された図形を選択
②[Shift]を押しながら、背面の図形を選択
③《書式》タブを選択
④《配置》グループの （オブジェクトのグループ化）をクリック
⑤《グループ化》をクリック

3 図形の整列

複数の図形を並べて配置する場合は、間隔を均等にしたり、図形の上側や中心をそろえて整列したりすると、整った印象を与えます。

●左右中央揃え
左端の図形と右端の図形の中心となる位置に、それぞれの図形の中心をそろえて配置します。

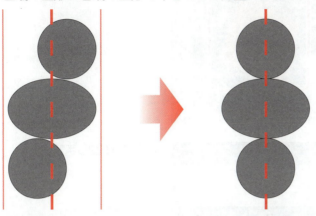

●下揃え
複数の図形の下側の位置をそろえて配置します。

●左右に整列
左端の図形と右端の図形を基準にして、その間にある図形を等間隔で配置します。

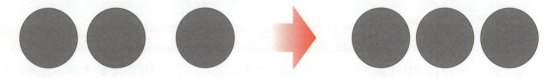

4 配置の調整

「写」から「ト」までの7つの図形を等間隔で配置しましょう。

1 両端の図形の移動

「写」と入力された図形と、「ト」と入力された図形の位置を調整しましょう。

①「写」と入力された図形を選択します。
②図のようにドラッグします。

図形が移動します。

③「ト」と入力された図形を選択します。

④図のようにドラッグします。

図形が移動します。

2 左右に整列

「写」から「ト」までの7つの図形を左右に整列しましょう。

① 「ト」と入力された図形が選択されていることを確認します。
② [Shift]を押しながら、その他の図形を選択します。

③ 《書式》タブを選択します。
④ 《配置》グループの （オブジェクトの配置）をクリックします。
⑤ 《左右に整列》をクリックします。

7つの図形が左右均等に整列されます。

※図形以外の場所をクリックし、選択を解除しておきましょう。

Step 9 図形を組み合わせてオブジェクトを作成する

1 図形を組み合わせたオブジェクトの作成

次のように、「正方形/長方形」「四角形:上の2つの角を切り取る」「円:塗りつぶしなし」の図形を組み合わせて、カメラのイラストを作成します。

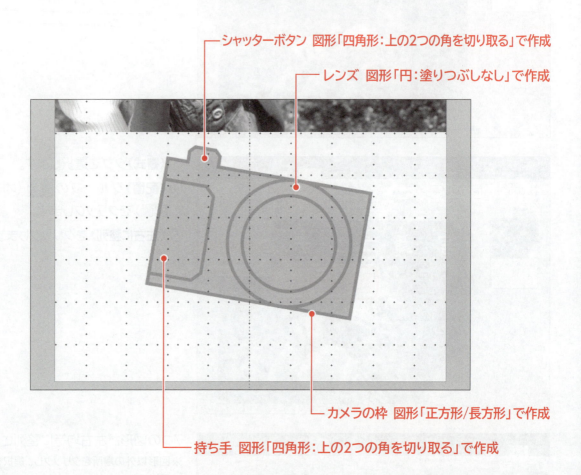

2 図形の作成

長方形を作成して、カメラの枠を作成しましょう。
※設定する項目名が一覧にない場合は、任意の項目を選択してください。

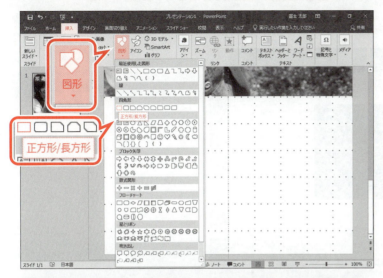

①カメラのイラストを作成する位置を表示します。
②《挿入》タブを選択します。
③《図》グループの (図形)をクリックします。
④《四角形》の □ (正方形/長方形)をクリックします。

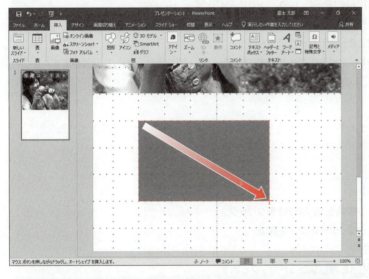

⑤図のようにドラッグします。

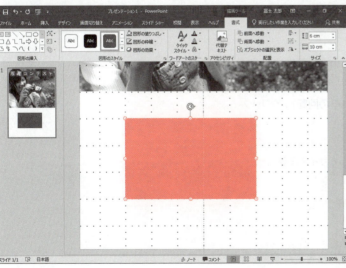

カメラの枠が作成されます。

Let's Try ためしてみよう

次のように図形を作成しましょう。
※設定する項目名が一覧にない場合は、任意の項目を選択してください。

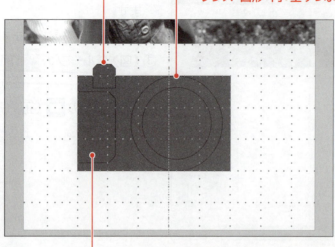

シャッターボタン 図形「四角形:上の2つの角を切り取る」で作成
レンズ 図形「円:塗りつぶしなし」で作成
持ち手 図形「四角形:上の2つの角を切り取る」で作成

①カメラのシャッターボタンを作成しましょう。
②シャッターボタンの図形をコピーし、カメラの持ち手を作成しましょう。持ち手は回転して配置します。
③カメラのレンズを作成しましょう。レンズは真円にし、レンズ枠を細くします。

Let's Try Answer

①

①《挿入》タブを選択
②《図》グループの  (図形)をクリック
③《四角形》の □ (四角形:上の2つの角を切り取る)をクリック
④始点から終点までドラッグして、シャッターボタンを作成
⑤シャッターボタンをドラッグして移動
※自由に図形を配置するには、 Alt を押しながらドラッグします。

②

①シャッターボタンを選択
② Ctrl を押しながら、下にドラッグしてコピー
③《書式》タブを選択
④《配置》グループの (オブジェクトの回転)をクリック
⑤《右へ90度回転》をクリック
⑥持ち手をドラッグして移動
⑦持ち手の○(ハンドル)をドラッグしてサイズ変更

③

①《挿入》タブを選択
②《図》グループの (図形)をクリック
③《基本図形》の ○ (円:塗りつぶしなし)をクリック
④ Shift を押しながら、始点から終点までドラッグして、レンズを作成
⑤黄色の○(ハンドル)を左にドラッグして、レンズ枠の太さを調整

3 図形の結合

「図形の結合」を使うと、図形と図形をつなぎ合わせたり、図形と図形が重なりあった部分だけを抽出したりして、新しい図形を作成できます。

● 接合
図形と図形をつなぎ合わせて、ひとつの図形に結合します。

● 型抜き/合成
図形と図形をつなぎ合わせてひとつの図形にし、重なりあった部分を型抜きします。

● 切り出し
図形と図形を重ね合わせたときに、重なりあった部分を別々の図形にします。

● 重なり抽出
図形と図形を重ね合わせたときに、重なりあった部分を図形として取り出します。

● 単純型抜き
図形と図形を重ね合わせたときに、重なりあった部分を型抜きします。型抜きしたときに残る図形は先に選択した図形です。

カメラの枠（長方形）とシャッターボタン（四角形：上の2つの角を切り取る）を結合して、カメラの外枠を作成しましょう。

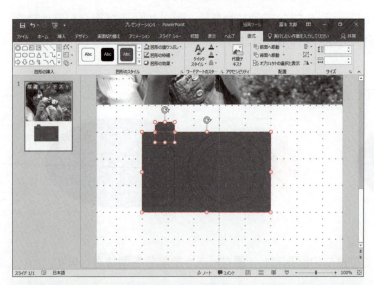

①カメラの枠を選択します。
②[Shift]を押しながら、シャッターボタンを選択します。

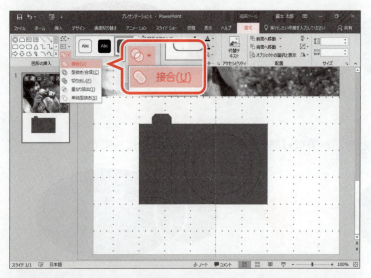

③《書式》タブを選択します。
④《図形の挿入》グループの ◎▼（図形の結合）をクリックします。
⑤《接合》をクリックします。

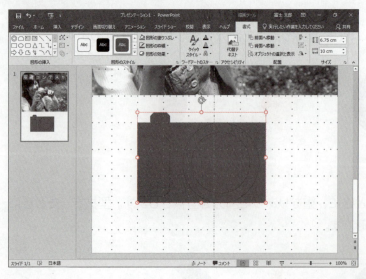

2つの図形が結合され、カメラの外枠が作成されます。

第2章 グラフィックの活用

75

Let's Try ためしてみよう

次のように図形を編集しましょう。

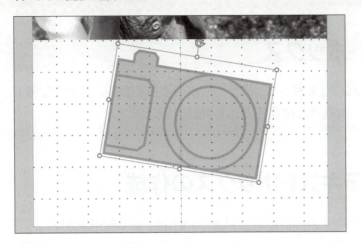

①カメラの外枠と持ち手、レンズをグループ化しましょう。
②①でグループ化したカメラのイラストの塗りつぶしの色を「ピンク、アクセント1、白+基本色80%」に設定しましょう。
③カメラのイラストの枠線の色を「ピンク、アクセント1、白+基本色60%」、枠線の太さを「4.5pt」に設定しましょう。
④カメラのイラストを回転し、位置を調整しましょう。

Let's Try Answer

①
①カメラの外枠を選択
② Shift を押しながら、持ち手とレンズを選択
③《書式》タブを選択
④《配置》グループの (オブジェクトのグループ化) をクリック
⑤《グループ化》をクリック

②
①グループ化したカメラのイラストを選択
②《書式》タブを選択
③《図形のスタイル》グループの 図形の塗りつぶし (図形の塗りつぶし) をクリック
④《テーマの色》の《ピンク、アクセント1、白+基本色80%》(左から5番目、上から2番目) をクリック

③
①カメラのイラストを選択
②《書式》タブを選択
③《図形のスタイル》グループの 図形の枠線 (図形の枠線) をクリック
④《テーマの色》の《ピンク、アクセント1、白+基本色60%》(左から5番目、上から3番目) をクリック
⑤《図形のスタイル》グループの 図形の枠線 (図形の枠線) をクリック
⑥《太さ》をポイント
⑦《4.5pt》をクリック

④
①カメラのイラストを選択
② をドラッグして回転
③カメラのイラストをドラッグして移動

Step 10 テキストボックスを配置する

1 テキストボックス

「**テキストボックス**」を使うと、スライド上の自由な位置に文字を配置できます。テキストボックスには、縦書きと横書きの2つの種類があります。

2 横書きテキストボックスの作成

横書きテキストボックスを作成し、「**Let's Enjoy a CAMERA!**」と入力しましょう。
横書きテキストボックスは、スライドの幅に合わせてサイズを変更します。

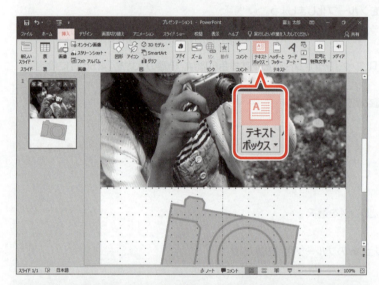

①テキストボックスを作成する位置を表示します。
②《**挿入**》タブを選択します。
③《**テキスト**》グループの (横書きテキストボックスの描画) をクリックします。

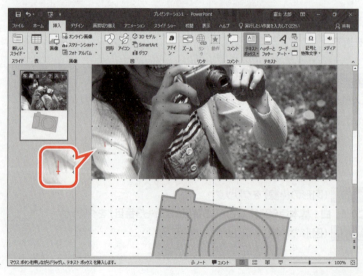

マウスポインターの形が↓に変わります。
④図の位置をクリックします。

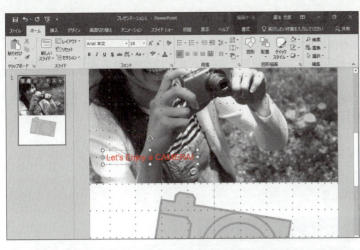

横書きテキストボックスが作成されます。
※リボンに《描画ツール》の《書式》タブが表示されます。
⑤「Let's Enjoy a CAMERA!」と入力します。
※半角で入力します。

⑥テキストボックスを選択します。
⑦図のように、左側の〇(ハンドル)をドラッグしてサイズを変更します。

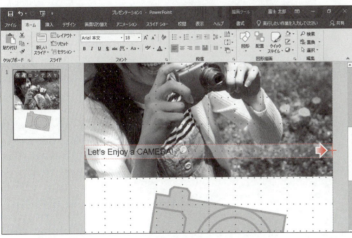

⑧同様に、右側の〇(ハンドル)をドラッグしてサイズを変更します。

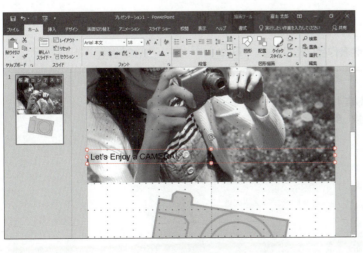

テキストボックスのサイズが変更されます。

STEP UP 縦書きテキストボックスの作成

縦書きテキストボックスを作成する方法は、次のとおりです。
◆《挿入》タブ→《テキスト》グループの (横書きテキストボックスの描画)の テキストボックス →《縦書きテキストボックス》

※縦書きテキストボックスを作成すると、 (横書きテキストボックスの描画)は、 (縦書きテキストボックスの描画)に表示が切り替わります。

Let's Try ためしてみよう

次のようにテキストボックスを作成しましょう。

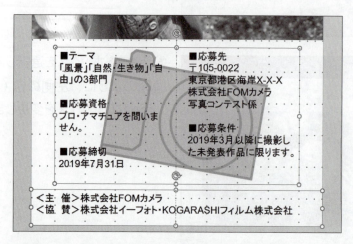

①横書きテキストボックスを作成し、次のように入力しましょう。

```
■テーマ Enter
「風景」「自然・生き物」「自由」の3部門 Enter
Enter
■応募資格 Enter
プロ・アマチュアを問いません。 Enter
Enter
■応募締切 Enter
2019年7月31日 Enter
Enter
■応募先 Enter
〒105-0022 Enter
東京都港区海岸X-X-X Enter
株式会社FOMカメラ Enter
写真コンテスト係 Enter
Enter
■応募条件 Enter
2019年3月以降に撮影した未発表作品に限ります。 Enter
```

※英数字は半角で入力します。
※「■」は「しかく」と入力して変換します。
※「〒」は「ゆうびん」と入力して変換します。

②①で作成したテキストボックスを2段組みにし、段の間隔を「1.5cm」に設定しましょう。次に、テキストボックスのサイズを調整しましょう。テキストボックスは自動調整なしにします。

Hint!
- テキストボックスを2段組みにするには、《ホーム》タブ→《段落》グループを使います。
- テキストボックスのサイズを自動調整なしにするには、《図形の書式設定》作業ウィンドウの《図形のオプション》の (サイズとプロパティ)→《テキストボックス》を使います。

③横書きテキストボックスを作成し、次のように入力しましょう。

```
<主  催>株式会社FOMカメラ Enter
<協  賛>株式会社イーフォト・KOGARASHIフィルム株式会社
```

※英字は半角で入力します。

④③で作成したテキストボックスのサイズを調整しましょう。テキストボックスは自動調整なしにします。

Let's Try Answer

①
①《挿入》タブを選択
②《テキスト》グループの (横書きテキストボックスの描画)をクリック
③始点でクリック
④文字を入力

②
①テキストボックスを選択
②《ホーム》タブを選択
③《段落》グループの (段の追加または削除)をクリック
④《段組みの詳細設定》をクリック
⑤《数》を「2」に設定
⑥《間隔》を「1.5cm」に設定
⑦《OK》をクリック
⑧テキストボックスを右クリック
⑨《図形の書式設定》をクリック
⑩《図形のオプション》の (サイズとプロパティ)をクリック
⑪《テキストボックス》をクリック
⑫《自動調整なし》を●にする
⑬作業ウィンドウの × (閉じる)をクリック
⑭テキストボックスの○(ハンドル)をドラッグしてサイズ変更

③
①《挿入》タブを選択
②《テキスト》グループの (横書きテキストボックスの描画)をクリック
③始点でクリック
④文字を入力

④
①テキストボックスを右クリック
②《図形の書式設定》をクリック
③《図形のオプション》の (サイズとプロパティ)をクリック
④《テキストボックス》が展開されていることを確認
⑤《自動調整なし》を●にする
⑥作業ウィンドウの × (閉じる)をクリック
⑦テキストボックスの○(ハンドル)をドラッグしてサイズ変更

3 テキストボックスの書式設定

テキストボックスに入力された文字やテキストボックス自体の書式を設定できます。
文字の書式を設定する場合、テキストボックス全体を選択して操作を行うと、テキストボックスに入力されているすべての文字に対して書式が設定されます。テキストボックス内の一部の文字を選択して操作を行うと、選択された文字だけに書式が設定されます。

1 テキストボックス全体の書式設定

「Let's Enjoy a CAMERA!」と入力されたテキストボックスのすべての文字に対して、次のような書式を設定しましょう。

```
フォント      ：Arial Black
フォントサイズ ：40ポイント
フォントの色   ：ピンク、アクセント1
中央揃え
```

①テキストボックスを選択します。

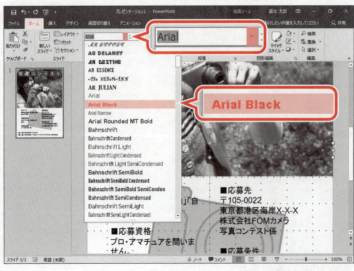

②《ホーム》タブを選択します。
③《フォント》グループの Arial 本文 （フォント）の をクリックし、一覧から《Arial Black》を選択します。
※一覧に表示されていない場合は、スクロールして調整します。

④《**フォント**》グループの 18 （フォントサイズ）の をクリックし、一覧から《**40**》を選択します。

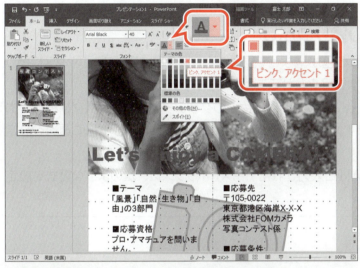

⑤《**フォント**》グループの A （フォントの色）の をクリックします。
⑥《**テーマの色**》の《**ピンク、アクセント1**》をクリックします。

⑦《**段落**》グループの （中央揃え）をクリックします。

テキストボックス内の文字に書式が設定されます。

2 テキストボックスの塗りつぶし

テキストボックスの文字と画像の色が重なって見えにくい場合は、テキストボックスに塗りつぶしを設定することで、文字を目立たせることができます。

塗りつぶしには、単色での塗りつぶしや複数の色でのグラデーションなど様々な種類があり、好みに応じて設定できます。また、画像を挿入したり、塗りつぶした色に透過を設定したりすることもできます。

「Let's Enjoy a CAMERA!」と入力されたテキストボックスに、次のような書式を設定しましょう。

塗りつぶしの色	：白、背景1
透明度	：50%
ぼかし	：3pt

①テキストボックスが選択されていることを確認します。
②テキストボックスを右クリックします。
③《図形の書式設定》をクリックします。

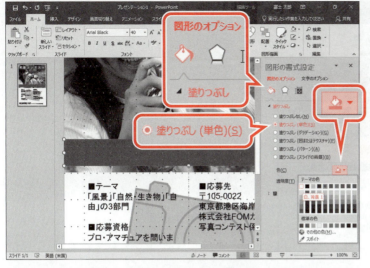

《図形の書式設定》作業ウィンドウが表示されます。

④《図形のオプション》の（塗りつぶしと線）をクリックします。

⑤《塗りつぶし》をクリックします。

⑥《塗りつぶし(単色)》を◉にします。

⑦《色》の（塗りつぶしの色）をクリックします。

⑧《テーマの色》の《白、背景1》をクリックします。

⑨《透明度》を「50%」に設定します。

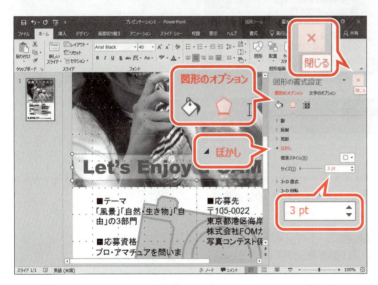

テキストボックスに塗りつぶしが設定されます。

⑩《図形のオプション》の（効果）をクリックします。

⑪《ぼかし》をクリックします。

⑫《サイズ》を「3pt」に設定します。

⑬作業ウィンドウの×（閉じる）をクリックします。

テキストボックスにぼかしが設定されます。

Let's Try ためしてみよう

「＜主　催＞」と「＜協　賛＞」が入力されたテキストボックスに、次のような書式を設定しましょう。

```
塗りつぶしの色　：青、アクセント4、黒+基本色50％
フォントの色　　：白、背景1
文字の配置　　　：上下中央揃え
```

Let's Try Answer

①「＜主　催＞」と「＜協　賛＞」が入力されたテキストボックスを選択
②《書式》タブを選択
③《図形のスタイル》グループの 図形の塗りつぶし (図形の塗りつぶし) をクリック
④《テーマの色》の《青、アクセント4、黒+基本色50％》(左から8番目、上から6番目) をクリック
⑤《ホーム》タブを選択
⑥《フォント》グループの A (フォントの色) の ▼ をクリック
⑦《テーマの色》の《白、背景1》(左から1番目、上から1番目) をクリック
⑧《段落》グループの (文字の配置) をクリック
⑨《上下中央揃え》をクリック

※グリッド線とガイドを非表示にしておきましょう。
※ちらしに「グラフィックの活用完成」と名前を付けて、フォルダー「第2章」に保存し、閉じておきましょう。

練習問題

解答 ▶ 別冊P.3

PowerPointを起動し、新しいプレゼンテーションを開いておきましょう。

次のようなちらしを作成しましょう。
※設定する項目名が一覧にない場合は、任意の項目を選択してください。

●完成図

① スライドのサイズを「A4」、スライドの向きを「縦」に設定しましょう。

② スライドのレイアウトを「白紙」に変更しましょう。

③ プレゼンテーションのテーマの配色とフォントを次のように変更しましょう。

```
テーマの配色    ：赤
テーマのフォント：Calibri　メイリオ　メイリオ
```

④ グリッド線とガイドを表示し、次のように設定しましょう。

```
描画オブジェクトをグリッド線に合わせる
グリッドの間隔          ：5グリッド/cm（0.2cm）
水平方向のガイドの位置：中心から上に8.00
                        中心から下に10.00
```

Hint! 2本目のガイドはコピーします。

⑤ 完成図を参考に、長方形を作成し、次のように入力しましょう。長方形の高さは水平方向のガイドに合わせます。

```
2019.10.6 (Sun) [Enter]
Special Open
```

※半角で入力します。
※画面の表示倍率を上げると、操作しやすくなります。

⑥ 長方形に、次のような書式を設定しましょう。

```
フォント       ：Consolas
フォントサイズ：54ポイント
右揃え
```

⑦ 図形を組み合わせて、木のイラストを作成しましょう。
　次に、葉（二等辺三角形）と幹（長方形）の配置を左右中央揃えにし、図形のスタイル「枠線-淡色1、塗りつぶし-茶、アクセント4」を適用しましょう。

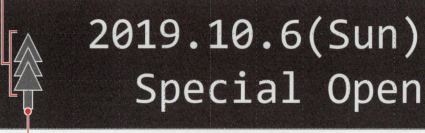

葉　図形「二等辺三角形」で作成

幹　図形「正方形/長方形」で作成

⑧ 葉と幹の図形をつなぎ合わせて、ひとつの図形に結合しましょう。
次に、結合した木のイラストを右にコピーし、完成図を参考に、位置を調整しましょう。

⑨ フォルダー「**第2章練習問題**」の画像「**レストラン**」を挿入しましょう。
次に、完成図を参考に、位置を調整しましょう。

⑩ 画像の下に横書きテキストボックスを作成し、次のように入力しましょう。

```
ブナの森レストラン Enter
〒183-0001　東京都府中市浅間町X-X-X Enter
Enter
ご予約・お問い合わせ：042-363-XXXX Enter
営業時間：9時～22時
```

※英数字は半角で入力します。
※「〒」は「ゆうびん」と入力して変換します。
※「～」は「から」と入力して変換します。

⑪ テキストボックスに、次のような書式を設定しましょう。

```
フォント　　　　：Consolas
フォントサイズ　：20ポイント
フォントの色　　：茶、アクセント5、黒+基本色50%
```

⑫ テキストボックスの「**ブナの森レストラン**」に、次のような書式を設定しましょう。
次に、完成図を参考に、テキストボックスの位置を調整しましょう。

```
フォントサイズ：32ポイント
文字の影
```

⑬ 完成図を参考に、縦書きテキストボックスを作成し、次のように入力しましょう。

```
身も心も癒される Enter
食材にこだわった Enter
オーガニックレストラン
```

⑭ ⑬で作成したテキストボックスに、次のような書式を設定しましょう。
次に、完成図を参考に、テキストボックスの位置を調整しましょう。

```
フォントサイズ　　：28ポイント
フォントの色　　　：白、背景1
塗りつぶしの色　　：黒、テキスト1、白+基本色5%
透明度　　　　　　：50%
ぼかし　　　　　　：5pt
```

⑮ 完成図を参考に、長方形を作成し、次のように入力しましょう。長方形の高さは水平方向のガイドに、幅は垂直方向のガイドに合わせます。

```
SERVICE  TICKET Enter
Enter
ドリンク1杯無料
```

※英数字は半角で入力します。

⑯ ⑮で作成した長方形に、次のような書式を設定しましょう。

```
フォント          : Consolas
図形の塗りつぶし : オレンジ、アクセント3
左揃え
```

⑰ 図形を組み合わせて、コーヒーカップのイラストを作成しましょう。
次に、光（星：4pt）の塗りつぶしの色を「白、背景1」に設定し、4つの図形をグループ化しましょう。

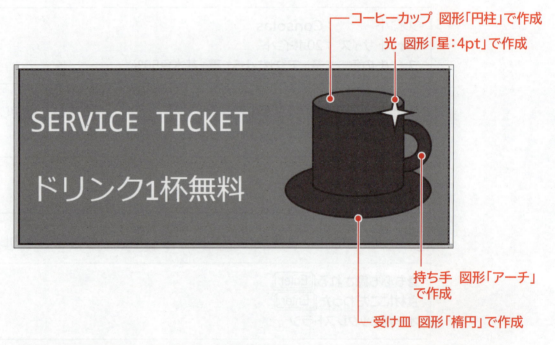

コーヒーカップ 図形「円柱」で作成
光 図形「星：4pt」で作成
持ち手 図形「アーチ」で作成
受け皿 図形「楕円」で作成

⑱ 完成図を参考に、⑮で作成した長方形とコーヒーカップのイラストをグループ化し、右にコピーしましょう。

⑲ グリッド線とガイドを非表示にしましょう。

※ちらしに「第2章練習問題完成」と名前を付けて、フォルダー「第2章練習問題」に保存し、閉じておきましょう。

第3章

動画と音声の活用

Check	この章で学ぶこと	91
Step1	作成するプレゼンテーションを確認する	92
Step2	ビデオを挿入する	94
Step3	ビデオを編集する	100
Step4	オーディオを挿入する	109
Step5	プレゼンテーションのビデオを作成する	117
練習問題		121

第3章 この章で学ぶこと

学習前に習得すべきポイントを理解しておき、
学習後には確実に習得できたかどうかを振り返りましょう。

1	ビデオを挿入できる。	☑☑☑ → P.94
2	スライド上でビデオを再生できる。	☑☑☑ → P.97
3	ビデオの移動とサイズ変更ができる。	☑☑☑ → P.98
4	ビデオの明るさとコントラストを調整できる。	☑☑☑ → P.100
5	ビデオにスタイルを適用できる。	☑☑☑ → P.101
6	ビデオに字幕を挿入できる。	☑☑☑ → P.102
7	ビデオをトリミングできる。	☑☑☑ → P.104
8	ビデオの再生のタイミングを設定できる。	☑☑☑ → P.107
9	オーディオを挿入できる。	☑☑☑ → P.109
10	スライド上でオーディオを再生できる。	☑☑☑ → P.110
11	オーディオのアイコンの移動とサイズ変更ができる。	☑☑☑ → P.111
12	オーディオの再生のタイミングを設定できる。	☑☑☑ → P.114
13	オーディオとビデオの再生順序を変更できる。	☑☑☑ → P.116
14	プレゼンテーションのビデオを作成できる。	☑☑☑ → P.118

Step 1 作成するプレゼンテーションを確認する

1 作成するプレゼンテーションの確認

次のようなプレゼンテーションを作成しましょう。

1枚目

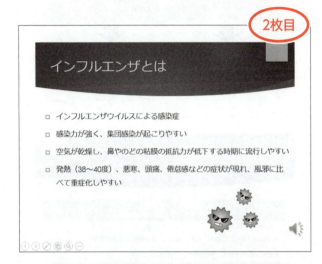
2枚目

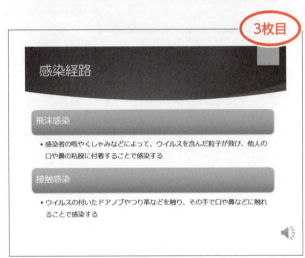
3枚目

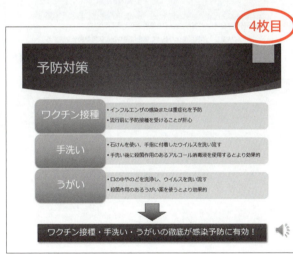
4枚目

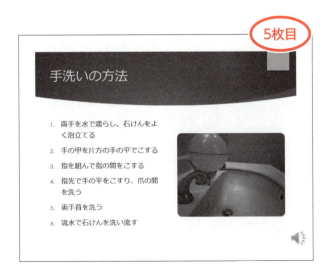
5枚目

6枚目

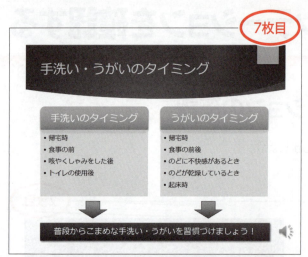
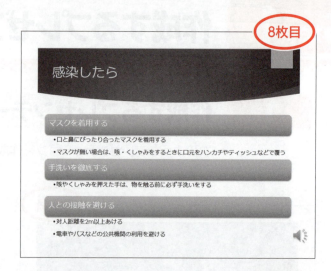
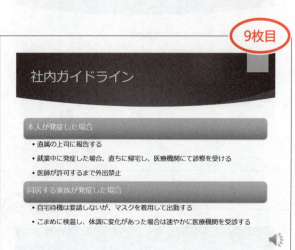

Step2 ビデオを挿入する

1 ビデオ

デジタルビデオカメラで撮影した動画をスライドに挿入できます。PowerPointでは、動画のことを「**ビデオ**」といいます。MP4ビデオファイル、Windows Mediaビデオファイルなど、様々な形式のビデオを挿入できます。
スライドに挿入したビデオは、プレゼンテーションに埋め込まれ、ひとつのファイルで管理されます。プレゼンテーションの保存場所を移動しても、ビデオが再生できなくなる心配はありません。

STEP UP ビデオファイルの種類

PowerPointで扱えるビデオファイルには、次のようなものがあります。

ファイルの種類	説明	拡張子
MP4 ビデオファイル	macOSやWindowsなどで広く利用されているファイル形式。	.mp4 .m4v .mov
Windows Media ビデオファイル	Windowsに搭載されているWindows Media Playerが標準でサポートしているファイル形式。	.wmv
Windows Media ファイル	動画や音声、文字などのデータをストリーミング配信するためのファイル形式。	.asf
Windows ビデオファイル	Windowsで広く利用されているファイル形式。	.avi
ムービーファイル	CDやDVD、デジタル衛星放送、携帯端末などで広く利用されているファイル形式。	.mpg .mpeg

2 ビデオの挿入

スライド5にフォルダー「**第3章**」のビデオファイル「**手洗い**」を挿入しましょう。

 フォルダー「第3章」のプレゼンテーション「動画と音声の活用」を開いておきましょう。

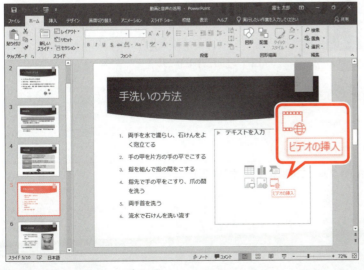

①スライド5を選択します。
②コンテンツのプレースホルダーの （ビデオの挿入）をクリックします。

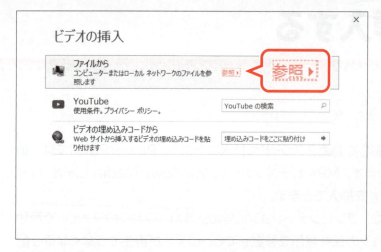

《ビデオの挿入》が表示されます。
ビデオが保存されている場所を選択します。
③《ファイルから》の《参照》をクリックします。

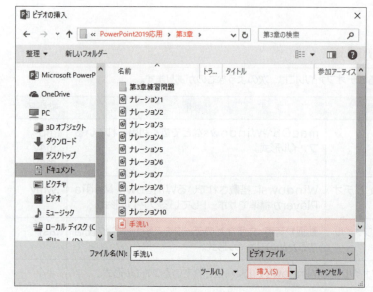

《ビデオの挿入》ダイアログボックスが表示されます。
④《ドキュメント》が開かれていることを確認します。
※《ドキュメント》が開かれていない場合は、《PC》→《ドキュメント》を選択します。
⑤一覧から「PowerPoint2019応用」を選択します。
⑥《挿入》をクリックします。
⑦一覧から「第3章」を選択します。
⑧《挿入》をクリックします。
挿入するビデオを選択します。
⑨一覧から「手洗い」を選択します。
⑩《挿入》をクリックします。

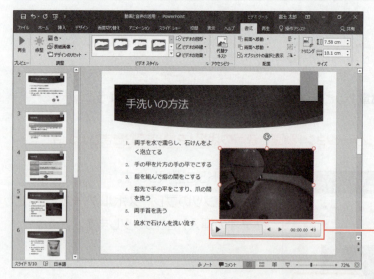

ビデオが挿入されます。
※リボンに《ビデオツール》の《書式》タブと《再生》タブが表示されます。
ビデオの周囲に〇（ハンドル）とビデオコントロールが表示されます。

ビデオコントロール

STEP UP その他の方法（ビデオの挿入）

◆《挿入》タブ→《メディア》グループの ■ （ビデオの挿入）

POINT ビデオの挿入

《ビデオの挿入》では、次のようなことができます。
※お使いの環境によって、❷と❸が表示されない場合があります。

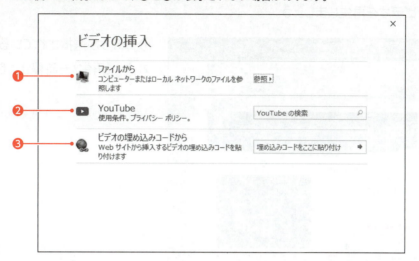

❶ファイルから
コンピューター上に保存されているビデオを挿入します。
ビデオがプレゼンテーションに埋め込まれ、ひとつのファイルで管理されます。

❷YouTube
「YouTube」に公開されているビデオをキーワードで検索し、挿入します。
ビデオそのものがプレゼンテーションに埋め込まれるのではなく、Webサイト上のビデオへのリンクが設定されるため、プレゼンテーションの容量を抑えることができます。
ただし、ビデオを再生するには、インターネットに接続できる環境が必要です。

❸ビデオの埋め込みコードから
Webサイト上のビデオに設定されている埋め込みコードを使って、ビデオを挿入します。
Webサイトからコピーしたビデオの埋め込みコードを「埋め込みコードをここに貼り付け」に貼り付け、➡（挿入）をクリックし、挿入します。
ビデオそのものがプレゼンテーションに埋め込まれるのではなく、Webサイト上のビデオへのリンクが設定されるため、プレゼンテーションの容量を抑えることができます。
ただし、ビデオを再生するには、インターネットに接続できる環境が必要です。
※埋め込みコードの確認方法は、Webサイトによって異なります。また、Webサイトによって、埋め込みコードが用意されていない場合もあります。

POINT 動画の著作権

ほとんどの動画には著作権が存在するので、安易にスライドに転用するのは禁物です。インターネット上の動画を転用する際には、動画を提供しているWebサイトで利用可否を確認しましょう。

3 ビデオの再生

挿入したビデオはスライド上で再生して確認できます。
ビデオを再生しましょう。

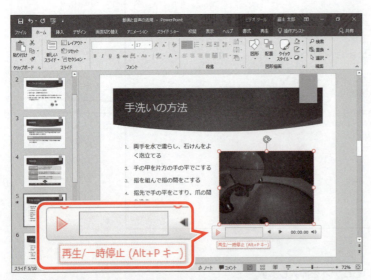

①ビデオが選択されていることを確認します。
② ▶（再生/一時停止）をクリックします。

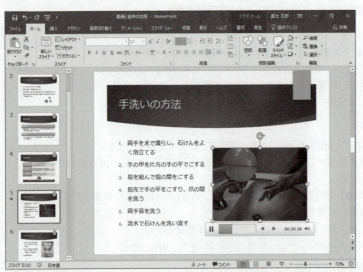

ビデオが再生されます。
ビデオの選択を解除します。
③ビデオ以外の場所をクリックします。

ビデオの選択が解除されます。

STEP UP その他の方法（ビデオの再生）

◆ビデオを選択→《書式》タブ→《プレビュー》グループの ▶（メディアのプレビュー）
◆ビデオを選択→《再生》タブ→《プレビュー》グループの ▶（メディアのプレビュー）

POINT ビデオコントロール

ビデオコントロールは、ビデオを選択したときと、ビデオをポイントしたときに表示されます。
ビデオコントロールの各部の名称と役割は、次のとおりです。

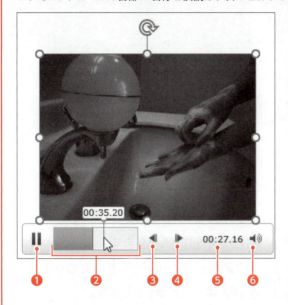

❶ 再生/一時停止
▶ をクリックすると、ビデオが再生します。再生中は ❙❙ に変わります。❙❙ をクリックすると、ビデオが一時停止します。

❷ タイムライン
再生時間を帯状のグラフで表示します。タイムラインにマウスポインターを合わせると、その位置の再生時間がポップヒントに表示されます。タイムラインをクリックすると、再生を開始する位置を指定できます。

❸ 0.25秒間戻ります
0.25秒前を表示します。

❹ 0.25秒間先に進みます
0.25秒後ろを表示します。

❺ 再生時間
現在の再生時間が表示されます。

❻ ミュート/ミュート解除
🔊 をクリックすると、音量がミュート(消音)になります。ミュートのときは 🔇 に変わります。🔇 をクリックすると、ミュートが解除されます。
🔊 をポイントして表示される音量スライダーの ● をドラッグすると、音量を調整できます。

4　ビデオの移動とサイズ変更

ビデオはスライド内で移動したり、サイズを変更したりできます。
ビデオを移動するには、ビデオを選択してドラッグします。
ビデオのサイズを変更するには、周囲の枠線上にある○(ハンドル)をドラッグします。
ビデオの位置とサイズを調整しましょう。

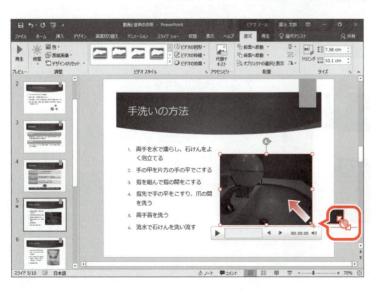

①ビデオを選択します。
②ビデオの右下の○(ハンドル)をポイントします。
マウスポインターの形が ↖ に変わります。
③図のようにドラッグします。

98

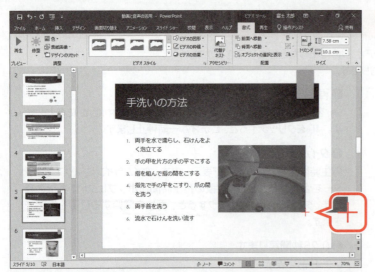

ドラッグ中、マウスポインターの形が✛に変わります。

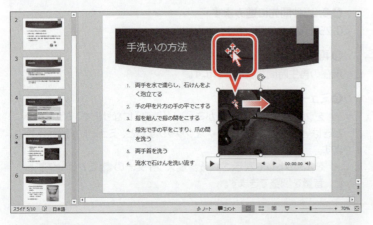

ビデオのサイズが変更されます。
④ビデオをポイントします。
マウスポインターの形が✥に変わります。
⑤図のようにドラッグします。

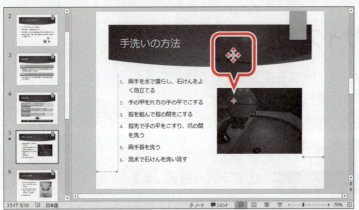

ドラッグ中、マウスポインターの形が✥に変わります。

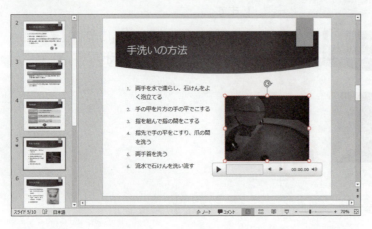

ビデオが移動します。

Step3 ビデオを編集する

1 明るさとコントラストの調整

挿入したビデオが明るすぎたり、暗すぎたりする場合は、明るさやコントラスト(明暗の差)を調整できます。
ビデオの明るさとコントラストをそれぞれ「+20%」にしましょう。

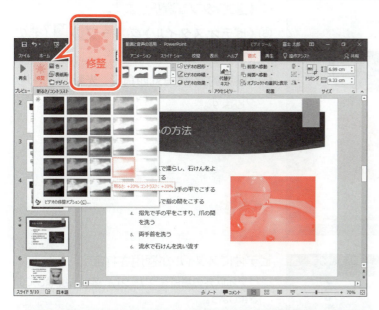

①ビデオを選択します。
②《書式》タブを選択します。
③《調整》グループの（修整）をクリックします。
④《明るさ/コントラスト》の《明るさ:+20% コントラスト:+20%》をクリックします。

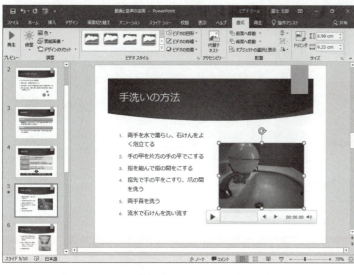

ビデオの明るさとコントラストが調整されます。
※ビデオを再生し、ビデオ全体の明るさとコントラストが調整されていることを確認しておきましょう。

STEP UP ビデオの色の変更

ビデオ全体の色をグレースケールやセピア、テーマの色などに変更できます。
ビデオの色を変更する方法は、次のとおりです。
◆ビデオを選択→《書式》タブ→《調整》グループの（色）

2 ビデオスタイルの適用

「ビデオスタイル」とは、ビデオを装飾する書式を組み合わせたものです。枠線や効果などがあらかじめ設定されており、影や光彩を付けてビデオを立体的にしたり、ビデオにフレームを付けて装飾したりできます。
ビデオにスタイル「**角丸四角形、光彩**」を適用しましょう。
※設定する項目名が一覧にない場合は、任意の項目を選択してください。

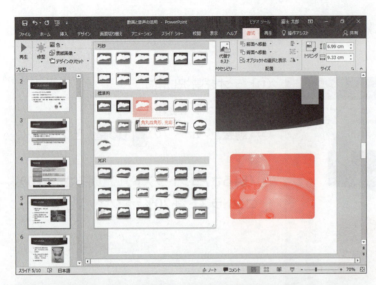

①ビデオが選択されていることを確認します。
②《書式》タブを選択します。
③《ビデオスタイル》グループの ▼ (その他) をクリックします。
④《標準的》の《角丸四角形、光彩》をクリックします。

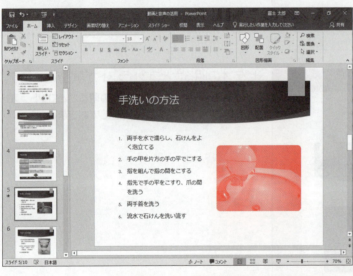

ビデオにスタイルが適用されます。
※ビデオ以外の場所をクリックし、選択を解除しておきましょう。

👆POINT ビデオのデザインのリセット

ビデオの明るさやコントラスト、ビデオの色、ビデオスタイルなどの書式設定を一度に取り消すことができます。
ビデオのデザインをリセットをする方法は、次のとおりです。
◆ビデオを選択→《書式》タブ→《調整》グループの ［デザインのリセット］ (デザインのリセット)

3 キャプションの挿入

ビデオには、キャプション(字幕)を挿入することができます。
キャプションを表示すると、ビデオの内容をよりわかりやすく伝えることができます。キャプションは、PowerPoint上でビデオを再生中に表示されます。
ビデオにフォルダー「**第3章**」のキャプションファイル「**字幕.vtt**」を挿入し、字幕付きで再生されるように設定しましょう。

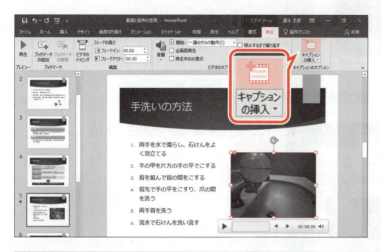

①ビデオを選択します。
②《**再生**》タブを選択します。
③《**キャプションのオプション**》グループの ■ (キャプションの挿入)をクリックします。

《**キャプションの挿入**》ダイアログボックスが表示されます。
④《**ドキュメント**》が開かれていることを確認します。
※《ドキュメント》が開かれていない場合は、《PC》→《ドキュメント》を選択します。
⑤一覧から「**PowerPoint2019応用**」を選択します。
⑥《**開く**》をクリックします。
⑦一覧から「**第3章**」を選択します。
⑧《**開く**》をクリックします。
挿入するキャプションファイルを選択します。
⑨一覧から「**字幕.vtt**」を選択します。
⑩《**挿入**》をクリックします。

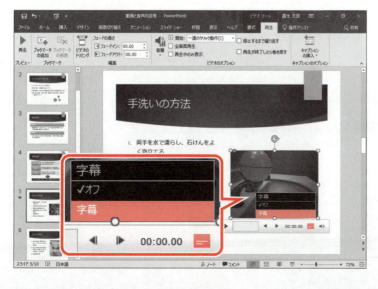

キャプションが挿入され、ビデオコントロールに ■ (オーディオと字幕のメニューの表示/非表示)が追加されます。
⑪ ■ (オーディオと字幕のメニューの表示/非表示)をクリックします。
⑫「**字幕**」をクリックします。

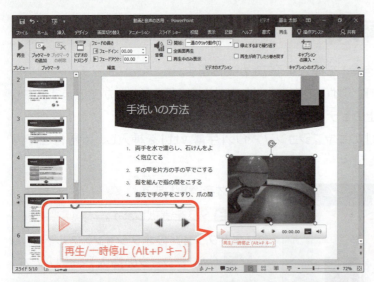

⑬ ▶（再生/一時停止）をクリックします。

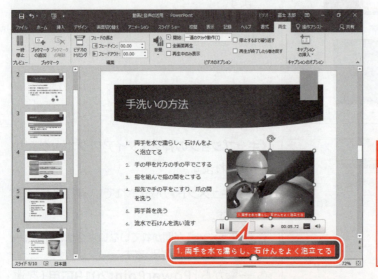

ビデオが字幕付きで再生されます。

POINT キャプションの削除

キャプションを削除する方法は、次のとおりです。
◆ビデオを選択→《再生》タブ→《キャプションのオプション》グループの（キャプションの挿入）の → 《すべてのキャプションを削除》

POINT キャプションファイルの作成

キャプションファイルは、Windowsに標準で搭載されているアプリ「メモ帳」を使って作成できます。
字幕を表示する時間（hh:mm:ss.ttt）と字幕の内容を入力します。字幕を表示する時間は、開始時間と終了時間を「-->」でつないで入力します。ファイルは、環境によって文字化けが生じないよう文字コードを「UTF-8」に設定し、拡張子「.vtt」として保存します。
キャプションファイルは、次のように入力します。

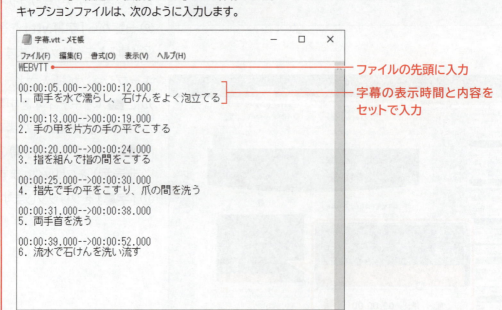

4 ビデオのトリミング

「ビデオのトリミング」を使うと、挿入したビデオの先頭または末尾の不要な映像を取り除き、必要な部分だけにトリミングできます。
動画編集ソフトを使わなくてもPowerPointでトリミングできるので便利です。
ビデオの先頭と末尾の不要な映像を取り除き、開始時間と終了時間が次の時間になるようにトリミングしましょう。

> 開始時間：3.363秒
> 終了時間：52.322秒

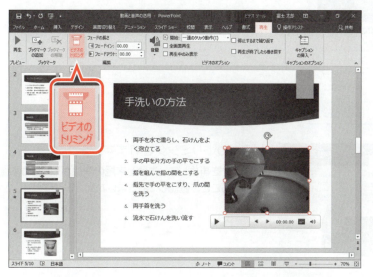

①ビデオを選択します。
②《再生》タブを選択します。
③《編集》グループの ■ （ビデオのトリミング）をクリックします。

《ビデオのトリミング》ダイアログボックスが表示されます。
映像の先頭をトリミングします。
④ をポイントします。
マウスポインターの形が ⇔ に変わります。
⑤図のようにドラッグします。
　（目安：「00:03.363」）
※開始時間に「00:03.363」と入力してもかまいません。
※ をドラッグすると、上側に表示されているビデオもコマ送りされます。

104

第3章 動画と音声の活用

映像の末尾をトリミングします。

⑥ をポイントします。

マウスポインターの形が ←|→ に変わります。

⑦図のようにドラッグします。
（目安：「00:52.322」）
※終了時間に「00:52.322」と入力してもかまいません。

⑧《OK》をクリックします。

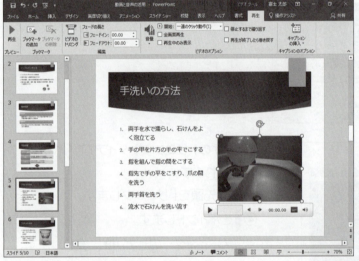

ビデオがトリミングされます。
※ビデオを再生して、先頭と末尾の映像が取り除かれていることを確認しておきましょう。

105

POINT 《ビデオのトリミング》ダイアログボックス

《ビデオのトリミング》ダイアログボックスの各部の名称と役割は、次のとおりです。

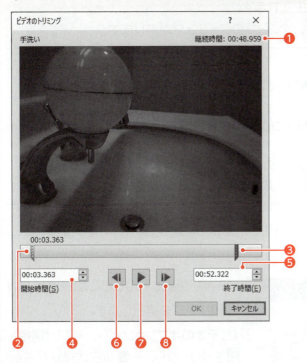

❶ 継続時間
ビデオ全体の再生時間が表示されます。

❷ 開始点
｜を目的の開始位置までドラッグすると、ビデオの先頭をトリミングできます。

❸ 終了点
｜を目的の終了位置までドラッグすると、ビデオの末尾をトリミングできます。

❹ 開始時間
ビデオの開始時間が表示されます。

❺ 終了時間
ビデオの終了時間が表示されます。

❻ 前のフレーム
1コマ前が表示されます。

❼ 再生
クリックすると、ビデオが再生されます。
※再生中は ❙❙ （一時停止）に変わります。

❽ 次のフレーム
1コマ後ろが表示されます。

STEP UP ビデオの表紙画像

ビデオを挿入すると、ビデオの最初の画像がビデオの表紙としてスライドに表示されます。ビデオ内により効果的な画像がある場合は、その1ショットをビデオの表紙画像として設定できます。ビデオの内容を表す適切な1ショットを表紙画像に設定しておくと、スライドをひと目見ただけでビデオの内容がわかるので配布資料としても効果的なものになります。
ビデオ内の画像を表紙画像に設定する方法は、次のとおりです。

◆表紙画像に設定したい位置までビデオを再生→《書式》タブ→《調整》グループの 表紙画像 （表紙画像）→《現在の画像》

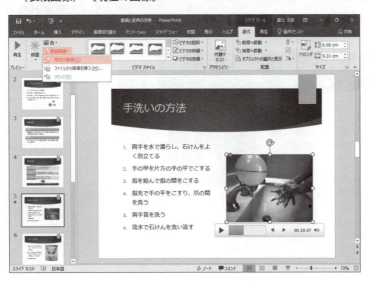

5 スライドショーでのビデオの再生のタイミング

挿入したビデオはスライドショーで再生されます。
スライドショーでのビデオの再生には、次の3つのタイミングがあります。

> ●自動
> スライドが表示されたタイミングで再生されます。
> ●クリック時
> スライド上のビデオをクリックしたタイミングで再生されます。
> ●一連のクリック動作
> スライドに設定されているアニメーションの順番で再生されます。
> スライド上のビデオをクリックする必要はありません。

スライドが表示されるとビデオが自動で再生されるように設定し、スライドショーでビデオを再生しましょう。

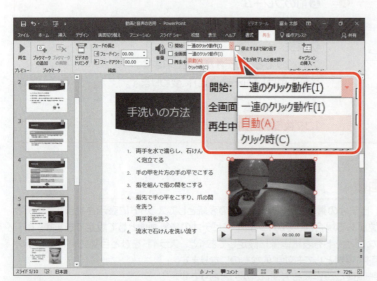

①ビデオが選択されていることを確認します。
②《再生》タブを選択します。
③《ビデオのオプション》グループの《開始》の ▼ をクリックし、一覧から《自動》を選択します。

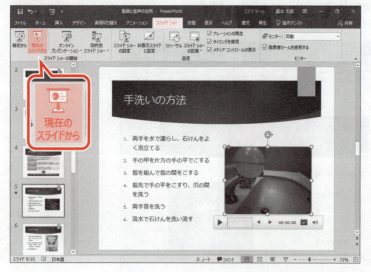

④《スライドショー》タブを選択します。
⑤《スライドショーの開始》グループの （このスライドから開始）をクリックします。

スライドショーが実行され、ビデオが自動的に再生されます。

※ビデオにマウスポインターを合わせると、ビデオコントロールが表示されます。
※ Esc または ▌▌ を押して、ビデオを一時停止しましょう。
※ Esc を押して、スライドショーを終了しておきましょう。

POINT 《ビデオのオプション》グループ

《再生》タブの《ビデオのオプション》グループでは、次のような設定ができます。

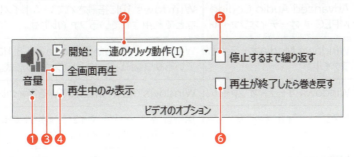

❶音量
ビデオの音量を調整します。

❷開始
ビデオを再生するタイミングを設定します。

❸全画面再生
スライドショーでビデオを再生すると、全画面で表示します。

❹再生中のみ表示
再生しているときだけ、ビデオは画面に表示されます。
※ビデオを再生するタイミングを《クリック時》に設定した場合は、ビデオにアニメーションを設定します。ビデオを選択し、《アニメーション》タブ→《アニメーション》グループの ▼ (その他)→《メディア》の《再生》を選択します。

❺停止するまで繰り返す
ビデオを繰り返し再生します。

❻再生が終了したら巻き戻す
ビデオを最後まで再生し終わると、ビデオの最初に戻ります。

STEP UP クリッカーを使ったスライドショーの実行

パソコンから離れたスクリーンの前などで発表を行う場合、ワイヤレスのデジタルペンやプレゼン用のリモコンなどのクリッカーを使ってスライドショーを実行できます。
そのような場合、ビデオの再生のタイミングを一連のクリック動作に設定しておくと、対象物にマウスポインターを合わせなくても、発表者のクリックするタイミングで順番に再生することができ、スムーズなプレゼンテーションが行えます。

Step 4 オーディオを挿入する

1 オーディオ

録音した音声や音楽などをスライドに挿入できます。PowerPointでは、音声や音楽のことを「**オーディオ**」といいます。録音した音声や音楽などを挿入することによって、プレゼンテーションの効果をより高めることができます。
スライドに挿入したオーディオは、プレゼンテーションに埋め込まれ、ひとつのファイルで管理されます。プレゼンテーションの保存場所を移動しても、オーディオが再生できなくなる心配はありません。

STEP UP オーディオファイルの種類

PowerPointで扱えるオーディオファイルには、次のようなものがあります。

ファイルの種類	説明	拡張子
Advanced Audio Coding MPEG-4 オーディオファイル	Windows 10に搭載されているボイスレコーダーなどで利用されているファイル形式。	.m4a .mp4
Windows Mediaオーディオファイル	Windows VistaからWindows 8.1に搭載されているサウンドレコーダーのファイル形式。	.wma
Windows オーディオファイル	Windowsで広く利用されているファイル形式。	.wav
MP3オーディオファイル	携帯音楽プレーヤーやインターネットの音楽配信に広く利用されているファイル形式。	.mp3
MIDIファイル	音楽制作・演奏の分野で広く利用されているファイル形式。	.mid .midi
AIFFオーディオファイル	macOSやiOSなどで利用されているファイル形式。	.aiff
AUオーディオファイル	UNIXやLinuxなどで利用されているファイル形式。	.au

2 オーディオの挿入

スライド1にフォルダー「**第3章**」のオーディオファイル「**ナレーション1**」を挿入しましょう。
※オーディオを再生するには、パソコンにスピーカーやヘッドホンなどサウンドを再生する環境が必要です。

①スライド1を選択します。
②《**挿入**》タブを選択します。
③《**メディア**》グループの (オーディオの挿入)をクリックします。
※《**メディア**》グループが (メディア)で表示されている場合は、 (メディア)をクリックすると、《**メディア**》グループのボタンが表示されます。
④《**このコンピューター上のオーディオ**》をクリックします。

《**オーディオの挿入**》ダイアログボックスが表示されます。

オーディオが保存されている場所を選択します。

⑤《**ドキュメント**》が開かれていることを確認します。

※《ドキュメント》が開かれていない場合は、《PC》→《ドキュメント》を選択します。

⑥一覧から「**PowerPoint2019応用**」を選択します。

⑦《**挿入**》をクリックします。

⑧一覧から「**第3章**」を選択します。

⑨《**挿入**》をクリックします。

挿入するオーディオを選択します。

⑩一覧から「**ナレーション1**」を選択します。

⑪《**挿入**》をクリックします。

オーディオが挿入され、オーディオのアイコンが表示されます。

※リボンに《オーディオツール》の《書式》タブと《再生》タブが表示されます。

オーディオのアイコンの周囲に〇（ハンドル）とオーディオコントロールが表示されます。

オーディオコントロール

3　オーディオの再生

挿入したオーディオはスライド上で再生して確認できます。
オーディオを再生しましょう。

※オーディオを再生するには、パソコンにスピーカーやヘッドホンなどサウンドを再生する環境が必要です。

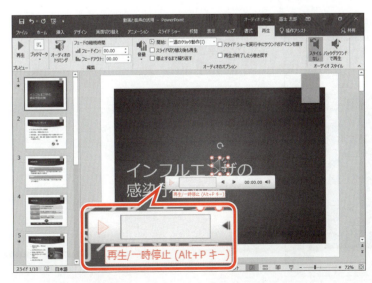

①オーディオのアイコンが選択されていることを確認します。

②▶（再生/一時停止）をクリックします。

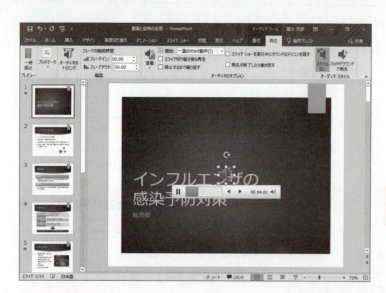

オーディオが再生されます。

> **STEP UP** その他の方法
> （オーディオの再生）
>
> ◆オーディオのアイコンを選択→《再生》タブ→《プレビュー》グループの ▶ （メディアのプレビュー）

4 オーディオのアイコンの移動とサイズ変更

オーディオのアイコンはスライド内で移動したり、サイズを変更したりできます。
オーディオのアイコンを移動するには、オーディオのアイコンを選択してドラッグします。
オーディオのアイコンのサイズを変更するには、周囲の枠線上にある○（ハンドル）をドラッグします。
オーディオのアイコンの位置とサイズを調整しましょう。

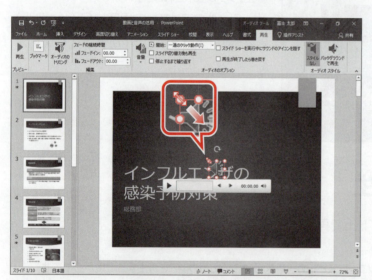

①オーディオのアイコンが選択されていることを確認します。
②オーディオのアイコンの左上の○（ハンドル）をポイントします。
マウスポインターの形が ↖ に変わります。
③図のようにドラッグします。

ドラッグ中、マウスポインターの形が ＋ に変わります。

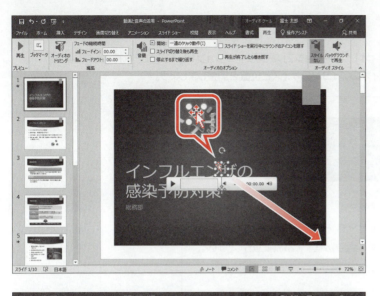

オーディオのアイコンのサイズが変更されます。

④オーディオのアイコンをポイントします。
マウスポインターの形が に変わります。
⑤図のようにドラッグします。

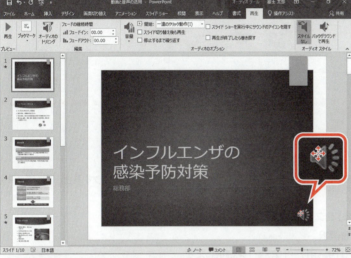

ドラッグ中、マウスポインターの形が に変わります。

オーディオのアイコンが移動します。

STEP UP オーディオのトリミング

ビデオと同じように、オーディオの先頭または末尾の不要な部分をトリミングできます。
オーディオをトリミングする方法は、次のとおりです。

◆オーディオのアイコンを選択→《再生》タブ→《編集》グループの （オーディオのトリミング）

Let's Try ためしてみよう

スライド2からスライド10にオーディオ「ナレーション2」から「ナレーション10」をそれぞれ挿入しましょう。
次に、スライド1と同様に、オーディオのアイコンのサイズと位置を調整しましょう。

Let's Try Answer

① スライド2を選択
② 《挿入》タブを選択
③ 《メディア》グループの  (オーディオの挿入) をクリック
※ 《メディア》グループが ▭ (メディア) で表示されている場合は、▭ (メディア) をクリックすると、《メディア》グループのボタンが表示されます。
④ 《このコンピューター上のオーディオ》をクリック
⑤ オーディオが保存されている場所を選択
※ 《ドキュメント》→「PowerPoint2019応用」→「第3章」を選択します。
⑥ 一覧から「ナレーション2」を選択
⑦ 《挿入》をクリック
⑧ オーディオのアイコンの○（ハンドル）をドラッグしてサイズ変更
⑨ オーディオのアイコンをドラッグして移動
⑩ 同様に、スライド3からスライド10に「ナレーション3」から「ナレーション10」をそれぞれ挿入し、オーディオのアイコンのサイズと位置を調整

POINT m4a形式のオーディオファイルの作成

実習で使っている「ナレーション1」から「ナレーション10」は、m4a形式のオーディオファイルです。
Windows 10に標準で搭載されているアプリ「ボイスレコーダー」を使うと、m4a形式のオーディオファイルを作成できます。

STEP UP ナレーションの録音

ナレーションはPowerPoint上で録音することもできます。
PowerPoint上で録音すると、オーディオファイルは独立したファイルにはならず、プレゼンテーション内に埋め込まれます。
PowerPoint上でナレーションを録音する方法は、次のとおりです。
※ オーディオの録音と再生には、パソコンにマイクなどオーディオを録音する環境とスピーカーやヘッドホンなどオーディオを再生する環境が必要です。
◆ 《挿入》タブ→《メディア》グループの ▭ (オーディオの挿入)→《オーディオの録音》

5　スライドショーでのオーディオの再生のタイミング

挿入したオーディオはスライドショーで再生されます。
スライドショーでのオーディオの再生には、次の3つのタイミングがあります。

●自動
スライドが表示されたタイミングで再生されます。
●クリック時
スライド上のオーディオのアイコンをクリックしたタイミングで再生されます。
●一連のクリック動作
スライドに設定されているアニメーションの順番で再生されます。
スライド上のオーディオのアイコンをクリックする必要はありません。

スライドが表示されるとオーディオが自動で再生されるように設定し、スライドショーで
オーディオを再生しましょう。

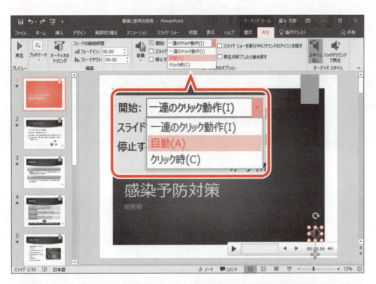

①スライド1を選択します。
②オーディオのアイコンを選択します。
③《再生》タブを選択します。
④《オーディオのオプション》グループの《開始》の をクリックし、一覧から《自動》を選択します。

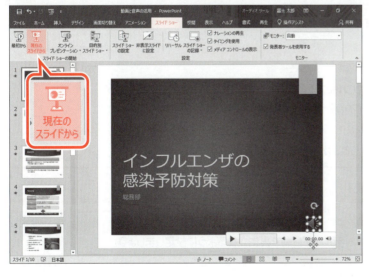

⑤《スライドショー》タブを選択します。
⑥《スライドショーの開始》グループの （このスライドから開始）をクリックします。

スライドショーが実行され、オーディオが自動的に再生されます。

※オーディオのアイコンにマウスポインターを合わせると、オーディオコントロールが表示されます。
※[Esc]を押して、スライドショーを終了しておきましょう。

POINT 《オーディオのオプション》グループ

《再生》タブの《オーディオのオプション》グループでは、次のような設定ができます。

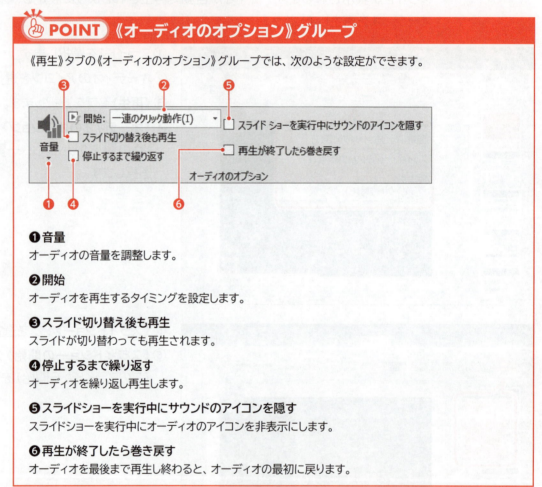

❶音量
オーディオの音量を調整します。

❷開始
オーディオを再生するタイミングを設定します。

❸スライド切り替え後も再生
スライドが切り替わっても再生されます。

❹停止するまで繰り返す
オーディオを繰り返し再生します。

❺スライドショーを実行中にサウンドのアイコンを隠す
スライドショーを実行中にオーディオのアイコンを非表示にします。

❻再生が終了したら巻き戻す
オーディオを最後まで再生し終わると、オーディオの最初に戻ります。

Let's Try ためしてみよう

スライド2からスライド10に挿入したオーディオが自動で再生されるように設定しましょう。

Let's Try Answer

①スライド2を選択
②オーディオのアイコンを選択
③《再生》タブを選択
④《オーディオのオプション》グループの《開始》の  をクリックし、一覧から《自動》を選択
⑤同様に、スライド3からスライド10のオーディオを《自動》に設定

6 再生順序の変更

同じスライドにビデオとオーディオを挿入すると、挿入した順番に再生されます。
スライド5のオーディオがビデオよりも先に再生されるように、再生順序を変更しましょう。
ビデオやオーディオの再生順序は、アニメーションウィンドウを使って確認することができます。

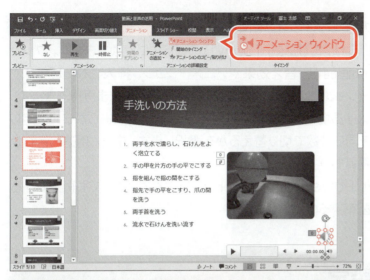

①スライド5を選択します。
②オーディオのアイコンを選択します。
③《アニメーション》タブを選択します。
④《アニメーションの詳細設定》グループの アニメーション ウィンドウ （アニメーションウィンドウ）をクリックします。

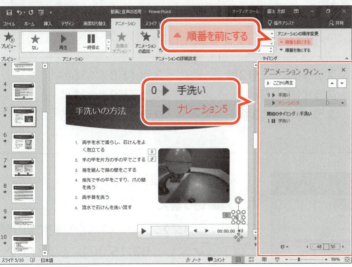

《アニメーションウィンドウ》が表示されます。
⑤「ナレーション5」が「手洗い」の下に表示されていることを確認します。
※《アニメーションウィンドウ》のリストの上に表示されているものから再生されます。
⑥《タイミング》グループの 順番を前にする （順番を前にする）をクリックします。

——アニメーションウィンドウ

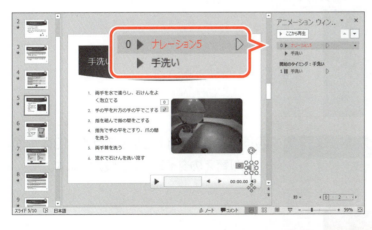

再生順序が変更されます。
⑦「ナレーション5」が一番上に表示されていることを確認します。
※《アニメーションウィンドウ》を閉じておきましょう。

POINT 再生順序を後にする

ビデオやオーディオの再生順序を後にする方法は、次のとおりです。
◆ビデオまたはオーディオのアイコンを選択→《アニメーション》タブ→《タイミング》グループの 順番を後にする （順番を後にする）

Step 5 プレゼンテーションのビデオを作成する

1 プレゼンテーションのビデオ

「ビデオの作成」を使うと、プレゼンテーションをMPEG-4ビデオ形式（拡張子「.mp4」）またはWindows Mediaビデオ形式（拡張子「.wmv」）のビデオに変換できます。プレゼンテーションに設定されている画面切り替え効果やアニメーション、挿入されたビデオやオーディオ、記録されたナレーションやレーザーポインターの動きもそのまま再現できます。プレゼンテーションをビデオにする場合は、画面切り替えのタイミングをあらかじめ設定しておくか、すべてのスライドを同じ秒数で切り替えるかを選択します。また、用途に合わせてビデオのファイルサイズや画質も選択できます。
ビデオに変換するとパソコンにPowerPointがセットアップされていなくても再生できるため、プレゼンテーションを配布するのに便利です。

2 画面切り替えの設定

次のように、各スライドの画面切り替えのタイミングを設定しましょう。

スライド1：15秒	スライド5：1分2秒	スライド8　：16秒
スライド2：16秒	スライド6：7秒	スライド9　：18秒
スライド3：16秒	スライド7：13秒	スライド10：10秒
スライド4：9秒		

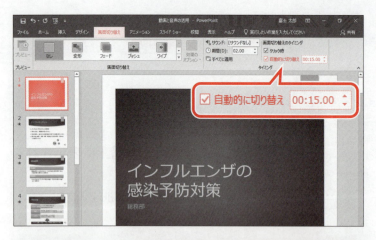

①スライド1を選択します。
②《画面切り替え》タブを選択します。
③《タイミング》グループの《自動的に切り替え》を☑にし、「00:15.00」に設定します。

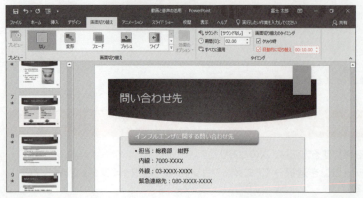

④同様に、スライド2からスライド10に画面切り替えのタイミングを設定します。

3 ビデオの作成

次のような設定で、プレゼンテーションをもとにビデオを作成しましょう。

```
HD（720p）
記録されたタイミングとナレーションを使用する
ビデオのファイル形式：Windows Mediaビデオ形式（拡張子「.wmv」）
```

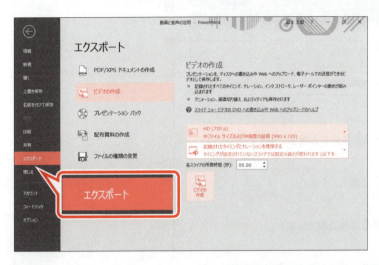

①《ファイル》タブを選択します。
②《エクスポート》をクリックします。
③《ビデオの作成》をクリックします。
④《フルHD（1080p）》の をクリックします。
⑤《HD（720p）》をクリックします。
⑥《記録されたタイミングとナレーションを使用する》になっていることを確認します。
⑦《ビデオの作成》をクリックします。

《名前を付けて保存》ダイアログボックスが表示されます。
ビデオを保存する場所を選択します。
⑧フォルダー「第3章」が開かれていることを確認します。
※「第3章」が開かれていない場合は、《ドキュメント》→「PowerPoint2019応用」→「第3章」を選択します。
⑨《ファイル名》に「感染予防対策」と入力します。
⑩《ファイルの種類》の をクリックし、一覧から《Windows Mediaビデオ》を選択します。
⑪《保存》をクリックします。

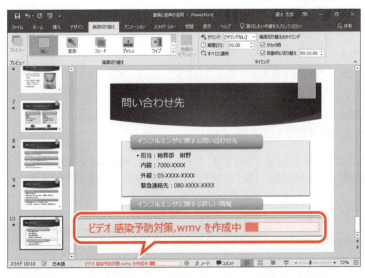

ビデオの作成が開始されます。
※ステータスバーに「ビデオ 感染予防対策.wmvを作成中」と表示されます。プレゼンテーションのファイルサイズによって、ビデオの作成にかかる時間は異なります。
※プレゼンテーションに「動画と音声の活用完成」と名前を付けて、フォルダー「第3章」に保存し、閉じておきましょう。

POINT ビデオのファイルサイズと画質

ビデオを作成する場合、用途に応じてファイルサイズや画質を選択します。
高画質になるほど、ファイルサイズは大きくなります。

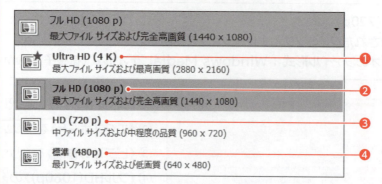

❶ Ultra HD（4K）
大型モニター用の高画質のビデオを作成する場合に選択します。

❷ フルHD（1080p）
高画質のビデオを作成する場合に選択します。

❸ HD（720p）
画質が中程度のビデオを作成する場合に選択します。

❹ 標準（480p）
ファイルサイズが小さく、低画質のビデオを作成する場合に選択します。

POINT タイミングとナレーション

ビデオを作成する場合、記録されたタイミングとナレーションを使用するかどうかを選択します。

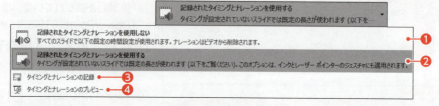

❶ 記録されたタイミングとナレーションを使用しない
すべてのスライドが《各スライドの所要時間》で切り替わります。ナレーションはビデオから削除されます。
※《各スライドの所要時間》は、このドロップダウンの一覧を閉じると表示されます。

❷ 記録されたタイミングとナレーションを使用する
タイミングを設定していないスライドだけが、《各スライドの所要時間》で切り替わります。ナレーションもビデオに収録されます。

❸ タイミングとナレーションの記録
クリックすると、タイミングとナレーションを記録する画面が表示されます。
これから記録するタイミングとナレーションでビデオを作成できます。

❹ タイミングとナレーションのプレビュー
ビデオを作成する前に、タイミングとナレーションを確認できます。

※オーディオやビデオなどが挿入されているスライドについては、オーディオやビデオの再生時間が優先されます。《各スライドの所要時間》が再生時間より短く設定されている場合は、再生が終わり次第、次のスライドが表示されます。

4 ビデオの再生

作成したビデオを再生しましょう。

ビデオが保存されている場所を開きます。
①デスクトップが表示されていることを確認します。
②タスクバーの ■ (エクスプローラー)をクリックします。

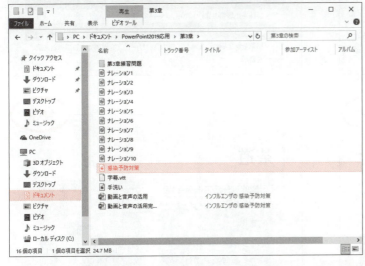

エクスプローラーが表示されます。
③左側の一覧から《ドキュメント》をクリックします。
※《ドキュメント》が表示されていない場合は、《PC》をダブルクリックします。
④右側の一覧からフォルダー「PowerPoint2019応用」をダブルクリックします。
⑤フォルダー「第3章」をダブルクリックします。
⑥ファイル「感染予防対策」をダブルクリックします。

ビデオを再生するためのアプリが起動し、設定した画面切り替えのタイミングでビデオが再生されます。
ビデオを終了します。
⑦ × (閉じる)をクリックします。
※開いているウィンドウを閉じておきましょう。

練習問題

解答 ▶ 別冊P.6

　フォルダー「第3章練習問題」のプレゼンテーション「第3章練習問題」を開いておきましょう。

次のようにスライドを編集しましょう。

※設定する項目名が一覧にない場合は、任意の項目を選択してください。

●完成図

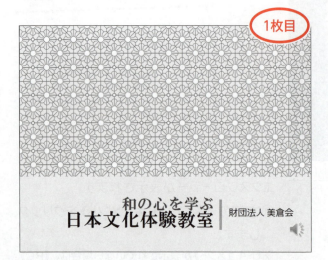

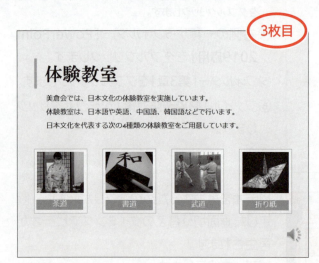

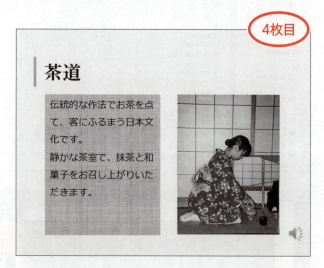

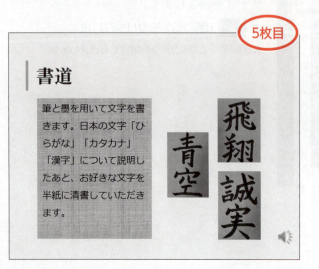

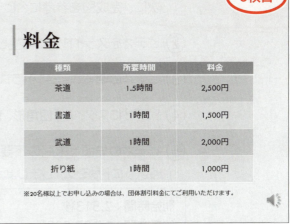
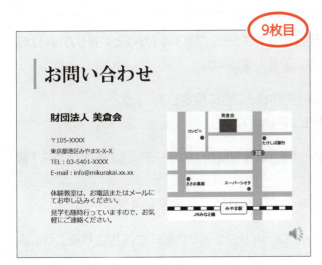

① スライド7にフォルダー「第3章練習問題」のビデオ「折り紙（かぶと）」を挿入しましょう。
次に、完成図を参考に、ビデオのサイズと位置を調整しましょう。

② ビデオをスライド上で再生しましょう。

③ ビデオの明るさとコントラストをそれぞれ「+20%」に設定しましょう。

④ ビデオにスタイル「四角形、背景の影付き」を適用しましょう。

⑤ ビデオの先頭と末尾の不要な映像を取り除き、開始時間と終了時間が次の時間になるようにトリミングしましょう。

```
開始時間：2.513秒
終了時間：1分37.508秒
```

⑥ ビデオにフォルダー「第3章練習問題」のキャプションファイル「かぶとの折り方.vtt」を挿入し、字幕付きで再生されるように設定しましょう。

⑦ ビデオがスライドショーで自動的に再生されるように設定しましょう。
次に、スライドショーでビデオを再生しましょう。

⑧ スライド1からスライド9にフォルダー「第3章練習問題」のオーディオ「音声1」から「音声9」をそれぞれ挿入しましょう。
次に、完成図を参考に、オーディオのアイコンのサイズと位置を調整しましょう。

⑨ スライド1からスライド9のオーディオがスライドショーで自動的に再生されるように設定しましょう。

⑩ スライド7のオーディオがビデオよりも先に再生されるように再生順序を変更しましょう。

⑪ スライド1からスライドショーを実行し、すべてのスライドを確認しましょう。

⑫ 次のような設定で、プレゼンテーションをもとにビデオを作成し、「体験教室のご紹介」と名前を付けてフォルダー「第3章練習問題」に保存しましょう。

```
HD（720p）
記録されたタイミングとナレーションを使用しない
各スライドの所要時間：5秒
ビデオのファイル形式：MPEG-4ビデオ形式（拡張子「.mp4」）
```

⑬ ビデオ「体験教室のご紹介」を再生しましょう。

※プレゼンテーションに「第3章練習問題完成」と名前を付けて、フォルダー「第3章練習問題」に保存し、閉じておきましょう。

第4章

スライドのカスタマイズ

Check	この章で学ぶこと	125
Step1	作成するプレゼンテーションを確認する	126
Step2	スライドマスターの概要	128
Step3	共通のスライドマスターを編集する	130
Step4	タイトルスライドのスライドマスターを編集する	141
Step5	ヘッダーとフッターを挿入する	148
Step6	オブジェクトに動作を設定する	152
Step7	動作設定ボタンを作成する	155
練習問題		159

第4章 この章で学ぶこと

学習前に習得すべきポイントを理解しておき、
学習後には確実に習得できたかどうかを振り返りましょう。

1	スライドマスターが何かを説明できる。	☑☑☑ → P.128
2	スライドマスターの種類を理解し、編集する内容に応じてスライドマスターを選択できる。	☑☑☑ → P.128
3	スライドマスターを表示できる。	☑☑☑ → P.130
4	共通のスライドマスターを編集できる。	☑☑☑ → P.131
5	タイトルスライドのスライドマスターを編集できる。	☑☑☑ → P.141
6	スライドマスターで編集したデザインをテーマとして保存できる。	☑☑☑ → P.145
7	ヘッダーとフッターを挿入できる。	☑☑☑ → P.148
8	ヘッダーとフッターを編集できる。	☑☑☑ → P.149
9	オブジェクトに動作を設定できる。	☑☑☑ → P.152
10	オブジェクトの動作を確認できる。	☑☑☑ → P.154
11	スライドに動作設定ボタンを作成できる。	☑☑☑ → P.155
12	動作設定ボタンを使ってスライドを移動できる。	☑☑☑ → P.157

Step 1 作成するプレゼンテーションを確認する

1 作成するプレゼンテーションの確認

次のようなプレゼンテーションを作成しましょう。

1枚目

2枚目

3枚目

4枚目

5枚目

6枚目

第4章 スライドのカスタマイズ

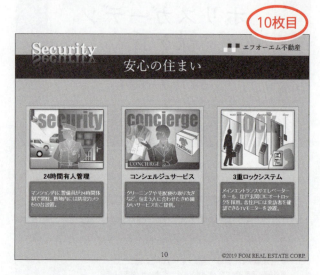

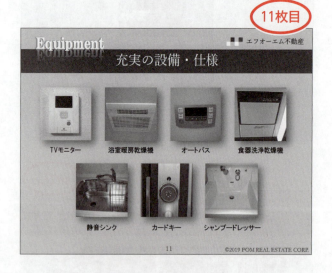

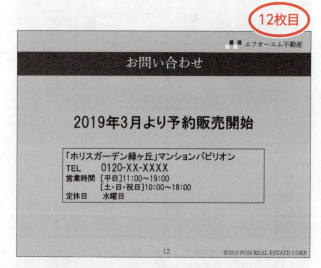

Step2 スライドマスターの概要

1 スライドマスター

「**スライドマスター**」とは、プレゼンテーション内のすべてのスライドのデザインをまとめて管理しているもので、デザインの原本に相当するものです。
スライドマスターには、タイトルや箇条書きなどの文字の書式、プレースホルダーの位置やサイズ、背景のデザインなどが含まれます。
スライドマスターを編集すると、すべてのスライドのデザインを一括して変更できます。

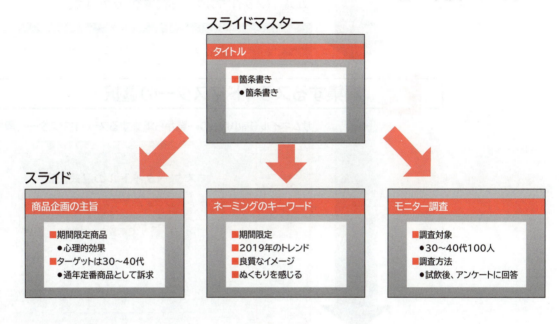

2 スライドマスターの種類

スライドマスターは、すべてのスライドを管理するマスターと、レイアウトごとに管理するマスターがあります。

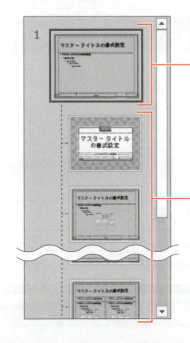

● **全スライド共通のスライドマスター**

すべてのスライドのデザインを管理します。これを編集すると、基本的にプレゼンテーション内のすべてのスライドに変更が反映されます。
単に「**スライドマスター**」と呼ぶこともあります。

● **各レイアウトのスライドマスター**

スライドのレイアウトごとにデザインを管理します。これを編集すると、そのレイアウトが適用されているスライドだけに変更が反映されます。
単に「**レイアウト**」と呼ぶこともあります。

3 スライドマスターの編集手順

すべてのスライドで共通してタイトルのフォントサイズを変更したい場合や、すべてのスライドに会社のロゴを挿入したい場合に、スライドを1枚ずつ修正していると時間がかかってしまいます。このようなとき、スライドマスターを編集すれば、すべてのスライドのデザインを一括して変更できます。
スライドマスターを編集する手順は、次のとおりです。

1 スライドマスターの表示

スライドマスター表示に切り替えるには、《表示》タブ→《マスター表示》グループの （スライドマスター表示）をクリックします。

2 編集するスライドマスターの選択

サムネイル（縮小版）の一覧から編集するスライドマスターを選択します。

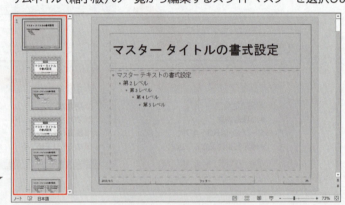

3 スライドマスターの編集

スライドマスター上のタイトルや箇条書きなどの文字の書式、プレースホルダーの位置やサイズ、背景のデザインなどを編集します。

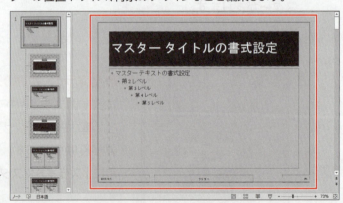

4 スライドマスターを閉じる

スライドマスター表示を閉じるには、《スライドマスター》タブ→《閉じる》グループの ▣（マスター表示を閉じる）をクリックします。

Step 3 共通のスライドマスターを編集する

1 共通のスライドマスターの編集

共通のスライドマスターを編集すると、基本的にプレゼンテーション内のすべてのスライドのデザインをまとめて変更できます。スライドごとにひとつずつ書式を変更する手間を省くことができるので便利です。
共通のスライドマスターを、次のように編集しましょう。

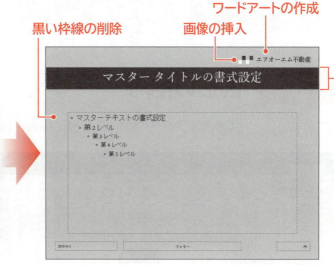

黒い枠線の削除　画像の挿入　ワードアートの作成

タイトルのプレースホルダーのフォント、フォントサイズ、フォントの色、配置、塗りつぶしの色の変更
タイトルのプレースホルダーのサイズ変更

2 スライドマスターの表示

スライドマスターを編集する場合は、スライドマスターを表示します。
スライドマスターを表示しましょう。

 フォルダー「第4章」のプレゼンテーション「スライドのカスタマイズ」を開いておきましょう。

①《表示》タブを選択します。
②《マスター表示》グループの ■ （スライドマスター表示）をクリックします。

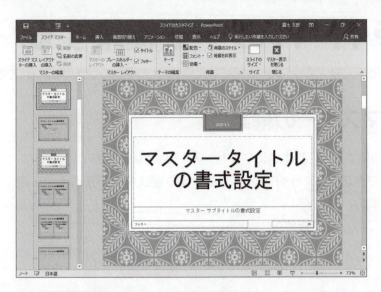

スライドマスターが表示されます。
※リボンに《スライドマスター》タブが表示されます。

3 図形の削除

共通のスライドマスターの背景に挿入されている黒い枠線の図形を削除しましょう。

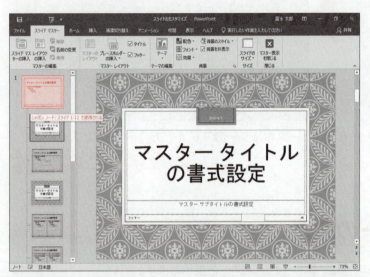

①サムネイルの一覧から《シャボンノート：スライド1-12で使用される》を選択します。
※一覧に表示されていない場合は、上にスクロールして調整します。

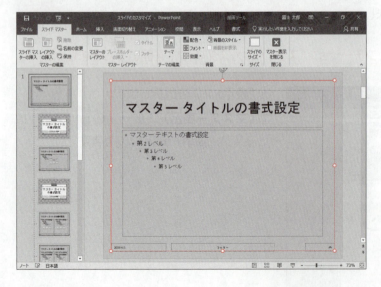

②黒い枠線を選択します。
③ Delete を押します。

黒い枠線が削除されます。

4 タイトルの書式設定

共通のスライドマスターのタイトルのプレースホルダーに、次のような書式を設定しましょう。

フォント	：游明朝
フォントサイズ	：32ポイント
フォントの色	：白、背景1
中央揃え	
塗りつぶしの色	：茶、テキスト2、黒+基本色25%

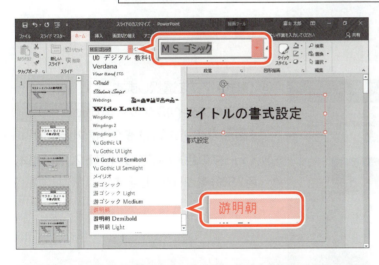

①タイトルのプレースホルダーを選択します。
②《ホーム》タブを選択します。
③《フォント》グループの MS ゴシック 本文 (フォント) の をクリックし、一覧から《游明朝》を選択します。
※一覧に表示されていない場合は、スクロールして調整します。

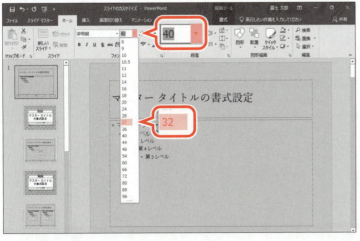

④《フォント》グループの 40 (フォントサイズ) の をクリックし、一覧から《32》を選択します。

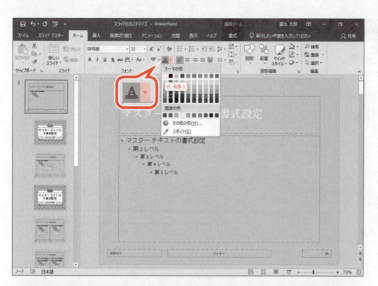

⑤《フォント》グループの (フォントの色)の をクリックします。

⑥《テーマの色》の《白、背景1》をクリックします。

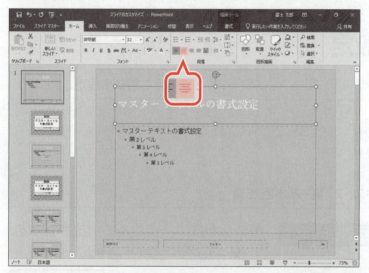

⑦《段落》グループの (中央揃え)をクリックします。

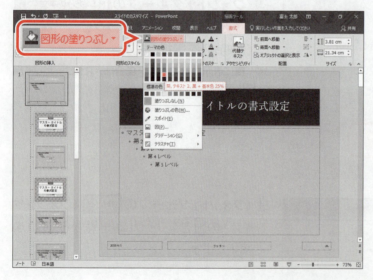

⑧《書式》タブを選択します。
⑨《図形のスタイル》グループの 図形の塗りつぶし (図形の塗りつぶし)をクリックします。
⑩《テーマの色》の《茶、テキスト2、黒+基本色25%》をクリックします。

タイトルのプレースホルダーに書式が設定されます。

5　プレースホルダーのサイズ変更

共通のスライドマスターのタイトルのプレースホルダーのサイズを調整しましょう。

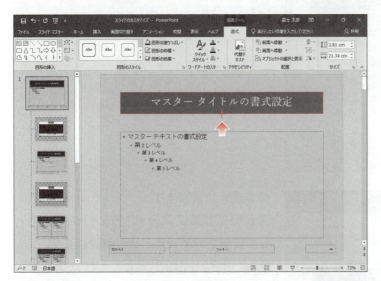

①タイトルのプレースホルダーが選択されていることを確認します。
②図のように、下側の○（ハンドル）をドラッグしてサイズを変更します。

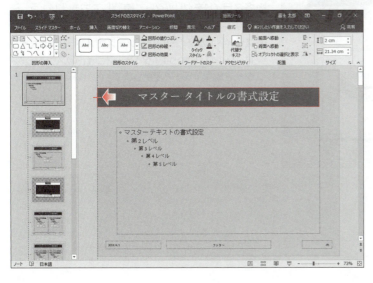

③図のように、左側の○（ハンドル）をドラッグしてサイズを変更します。

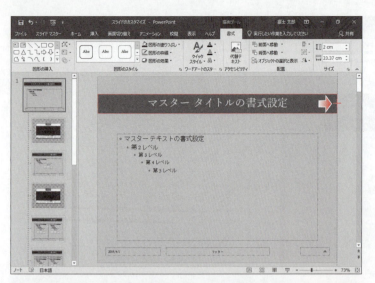

④同様に、右側の〇(ハンドル)をドラッグしてサイズを変更します。

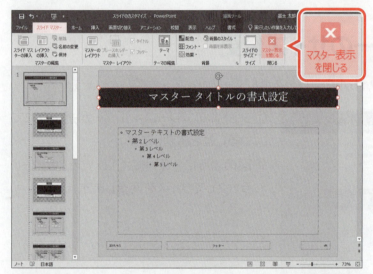

プレースホルダーのサイズが変更されます。
スライドマスターを閉じます。

⑤《スライドマスター》タブを選択します。
⑥《閉じる》グループの ❌ (マスター表示を閉じる)をクリックします。

標準表示に戻ります。
スライド2以降のスライドのタイトルのデザインが変更されていることを確認します。

⑦スライド2を選択します。

※各スライドをクリックして確認しておきましょう。確認後、スライド1を選択しておきましょう。
※スライド1のタイトルのプレースホルダーのデザインは、P.141「Step4 タイトルスライドのスライドマスターを編集する」で変更します。

6 ワードアートの作成

共通のスライドマスターにワードアートを使って、「**エフオーエム不動産**」という会社名を挿入しましょう。
ワードアートのスタイルは「**塗りつぶし：オリーブ、アクセントカラー3；面取り（シャープ）**」にします。また、次のような書式を設定しましょう。

フォント	：游明朝
フォントサイズ	：16ポイント
フォントの色	：茶、テキスト2、黒+基本色50%

※設定する項目名が一覧にない場合は、任意の項目を選択してください。

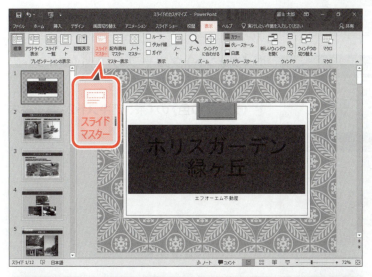

①《**表示**》タブを選択します。
②《**マスター表示**》グループの （スライドマスター表示）をクリックします。

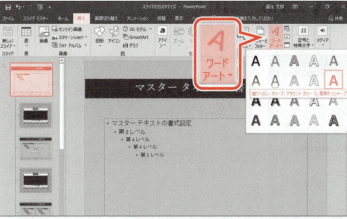

スライドマスターが表示されます。
③サムネイルの一覧から《**シャボンノート：スライド1-12で使用される**》を選択します。
※一覧に表示されていない場合は、上にスクロールして調整します。
④《**挿入**》タブを選択します。
⑤《**テキスト**》グループの （ワードアートの挿入）をクリックします。
⑥《**塗りつぶし：オリーブ、アクセントカラー3；面取り（シャープ）**》をクリックします。

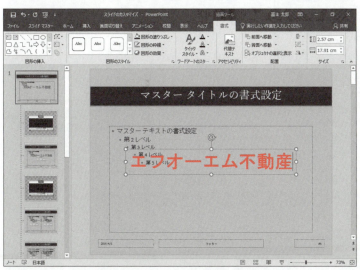

⑦《**ここに文字を入力**》が選択されていることを確認します。
⑧「**エフオーエム不動産**」と入力します。

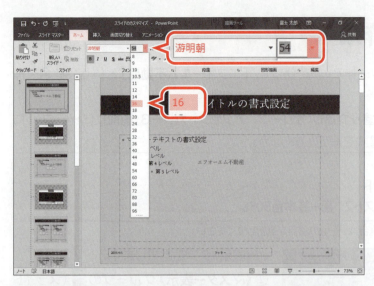

⑨ワードアートを選択します。
⑩《ホーム》タブを選択します。
⑪《フォント》グループの MSゴシック 本文 （フォント）の をクリックし、一覧から《游明朝》を選択します。
⑫《フォント》グループの 54 （フォントサイズ）の をクリックし、一覧から《16》を選択します。

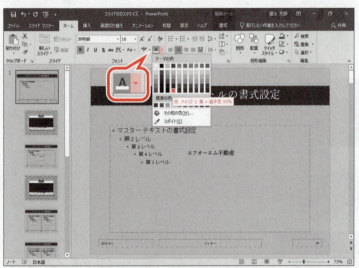

⑬《フォント》グループの A （フォントの色）の をクリックします。
⑭《テーマの色》の《茶、テキスト2、黒+基本色50%》をクリックします。

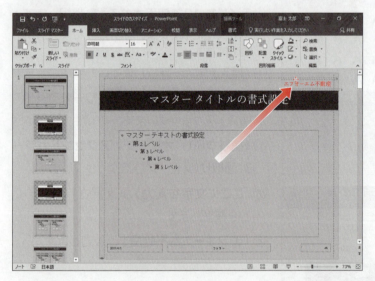

ワードアートに書式が設定されます。
⑮図のように、ワードアートをドラッグして移動します。

7 画像の挿入

共通のスライドマスターにフォルダー「**第4章**」の画像「**会社ロゴ**」を挿入しましょう。

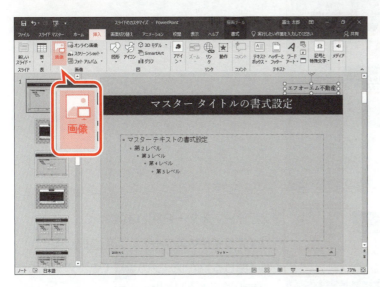

①《**挿入**》タブを選択します。
②《**画像**》グループの (図)をクリックします。

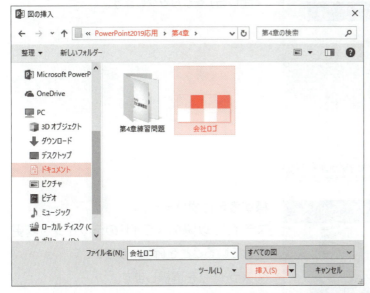

《**図の挿入**》ダイアログボックスが表示されます。
画像が保存されている場所を選択します。
③左側の一覧から《**ドキュメント**》を選択します。
※《ドキュメント》が表示されていない場合は、《PC》をダブルクリックします。
④右側の一覧から「**PowerPoint2019応用**」を選択します。
⑤《**開く**》をクリックします。
⑥一覧から「**第4章**」を選択します。
⑦《**開く**》をクリックします。
挿入する画像を選択します。
⑧一覧から「**会社ロゴ**」を選択します。
⑨《**挿入**》をクリックします。

画像が挿入されます。
⑩図のように、画像をドラッグして移動します。

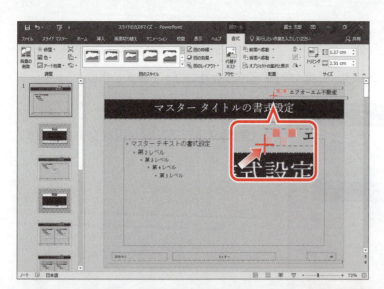

⑪図のように、画像の左下の○（ハンドル）をドラッグしてサイズを変更します。

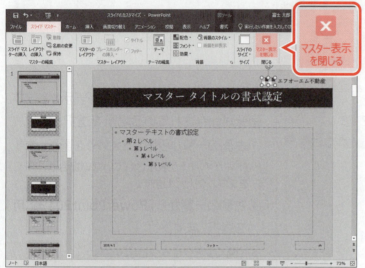

スライドマスターを閉じます。
⑫《スライドマスター》タブを選択します。
⑬《閉じる》グループの ▣ （マスター表示を閉じる）をクリックします。

標準表示に戻ります。
スライド2以降のスライドのデザインが変更されていることを確認します。
⑭スライド2を選択します。
※各スライドをクリックして確認しておきましょう。

POINT タイトルスライドの背景の表示・非表示

プレゼンテーションに適用されているテーマによって、共通のスライドマスターに挿入したロゴや会社名などのオブジェクトがタイトルスライドに表示されないものがあります。
第4章で使用しているプレゼンテーションのテーマ「シャボン」は、共通のスライドマスターに挿入したオブジェクトがタイトルスライドに表示されないよう設定されています。
タイトルスライドの背景の表示・非表示を切り替える方法は、次のとおりです。

◆ スライドマスターを表示→サムネイルの一覧から《タイトルスライドレイアウト：スライド1で使用される》を選択→《スライドマスター》タブ→《背景》グループの《☑背景を非表示》／《☐背景を非表示》

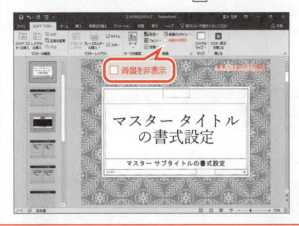

POINT テーマのデザインのコピー

「Officeテーマ」や「イオン」、「ウィスプ」などのテーマを適用したプレゼンテーションは、共通のスライドマスターに挿入したロゴや会社名などのオブジェクトがタイトルスライドにも表示されます。
タイトルスライドにオブジェクトを表示したくない場合は、タイトルスライドの背景を非表示にします。ただし、背景を非表示にすると、ロゴや会社名などのオブジェクトだけでなく、テーマのデザインとして挿入されているオブジェクトも非表示になります。
テーマのデザインとして挿入されているオブジェクトを表示したい場合は、共通のスライドマスターから対象のオブジェクトをコピーするとよいでしょう。

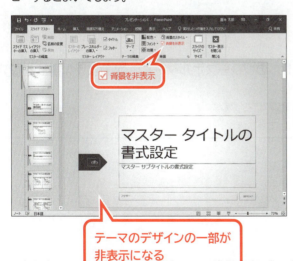
テーマのデザインの一部が非表示になる

共通のスライドマスターからオブジェクトをコピー

Step4 タイトルスライドのスライドマスターを編集する

1 タイトルスライドのスライドマスターの編集

「**タイトルスライド**」レイアウトのスライドマスターを編集すると、プレゼンテーション内のタイトルスライドのデザインを変更できます。
「**タイトルスライド**」レイアウトのスライドマスターを、次のように編集しましょう。

水色の図形と黒い枠線の削除

タイトルのプレースホルダーの塗りつぶしの色、フォント、フォントサイズの変更
サブタイトルのプレースホルダーのフォントサイズの変更

2 タイトルの書式設定

タイトルのプレースホルダーとサブタイトルのプレースホルダーに、次のような書式を設定しましょう。

● タイトルのプレースホルダー

| 塗りつぶしの色 ：塗りつぶしなし |
| フォント ：游明朝 |
| フォントサイズ ：60ポイント |

● サブタイトルのプレースホルダー

| フォントサイズ ：24ポイント |

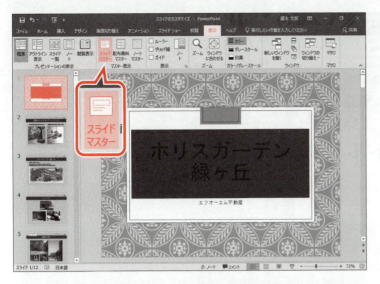

①スライド1を選択します。
②《**表示**》タブを選択します。
③《**マスター表示**》グループの ▦（スライドマスター表示）をクリックします。

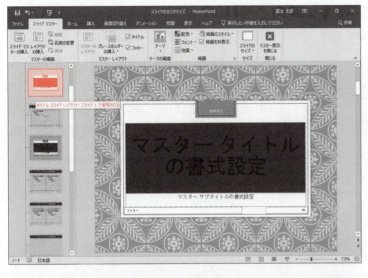

スライドマスターが表示されます。
④サムネイルの一覧から《**タイトルスライドレイアウト：スライド1で使用される**》が選択されていることを確認します。
※直前に表示していたスライドのレイアウトのスライドマスターが表示されます。

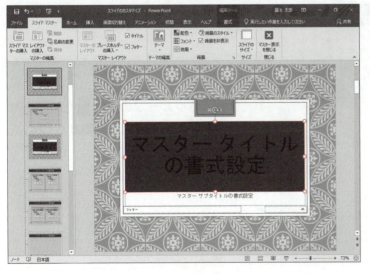

⑤タイトルのプレースホルダーを選択します。

⑥《書式》タブを選択します。
⑦《図形のスタイル》グループの 図形の塗りつぶし ▼（図形の塗りつぶし）をクリックします。
⑧《塗りつぶしなし》をクリックします。

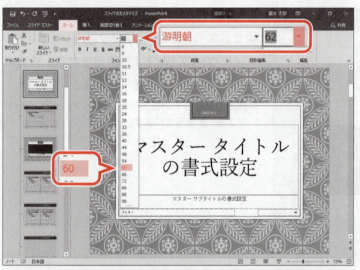

⑨《ホーム》タブを選択します。
⑩《フォント》グループの MS ゴシック 本文 ▼ （フォント）の ▼ をクリックし、一覧から《游明朝》を選択します。
⑪《フォント》グループの 62 ▼ （フォントサイズ）の ▼ をクリックし、一覧から《60》を選択します。

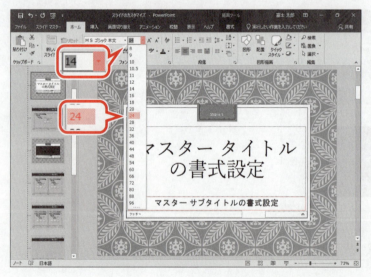

タイトルのプレースホルダーに書式が設定されます。
⑫サブタイトルのプレースホルダーを選択します。
⑬《フォント》グループの 14 ▼ （フォントサイズ）の ▼ をクリックし、一覧から《24》を選択します。

サブタイトルのプレースホルダーに書式が設定されます。

3 図形の削除

タイトルのプレースホルダーの上にある水色の図形と黒い枠線を削除しましょう。

①水色の図形を選択します。
②⌈Delete⌋を押します。

水色の図形が削除されます。
③黒い枠線を選択します。
④⌈Delete⌋を押します。

黒い枠線が削除されます。
スライドマスターを閉じます。
⑤《スライドマスター》タブを選択します。
⑥《閉じる》グループの (マスター表示を閉じる)をクリックします。

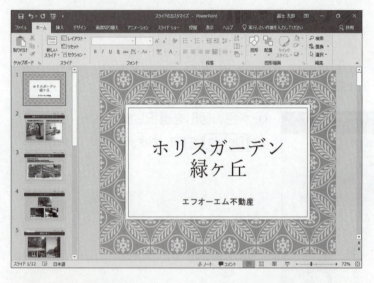

標準表示に戻ります。
⑦スライド1のデザインが変更されていることを確認します。

4　テーマとして保存

スライドマスターで編集したデザインをオリジナルのテーマとして保存できます。テーマに名前を付けて保存しておくと、ほかのプレゼンテーションに適用できます。
スライドマスターで編集したデザインをテーマ「**ホリスガーデンシリーズ**」として保存しましょう。

①《**デザイン**》タブを選択します。
②《**テーマ**》グループの (その他)をクリックします。
③《**現在のテーマを保存**》をクリックします。

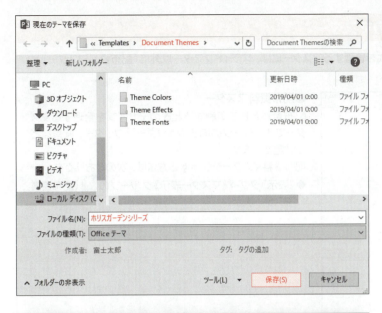

《現在のテーマを保存》ダイアログボックスが表示されます。

④保存先が《Document Themes》になっていることを確認します。

※《現在のテーマを保存》ダイアログボックスのサイズによって、フォルダー名がすべて表示されていない場合があります。

⑤《ファイル名》に「ホリスガーデンシリーズ」と入力します。

⑥《保存》をクリックします。

テーマが保存されます。

POINT テーマの削除

保存したテーマを削除する方法は、次のとおりです。

◆《デザイン》タブ→《テーマ》グループの ▼（その他）→削除するテーマを右クリック→《削除》

STEP UP ユーザー定義のテーマの適用

保存したオリジナルのテーマをプレゼンテーションに適用する方法は、次のとおりです。
◆《デザイン》タブ→《テーマ》グループの ▼（その他）→《ユーザー定義》の一覧から選択

POINT その他のマスター

プレゼンテーション全体の書式を管理するマスターには、スライドマスター以外に「配布資料マスター」と「ノートマスター」があります。

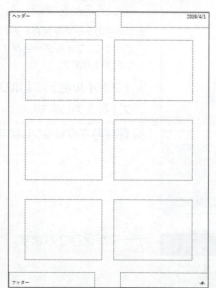

●配布資料マスター

配布資料として印刷するときのデザインを管理するマスターです。ページの向きやヘッダー／フッター、背景などを設定できます。
配布資料マスターを表示する方法は、次のとおりです。

◆《表示》タブ→《マスター表示》グループの [配布資料マスター] （配布資料マスター表示）

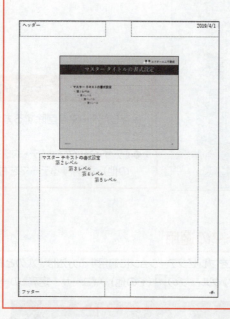

●ノートマスター

ノートとして印刷するときのデザインを管理するマスターです。ページの向きやヘッダー／フッター、背景などを設定できます。
ノートマスターを表示する方法は、次のとおりです。

◆《表示》タブ→《マスター表示》グループの [ノートマスター] （ノートマスター表示）

Step5 ヘッダーとフッターを挿入する

1 作成するスライドの確認

次のようなスライドを作成しましょう。

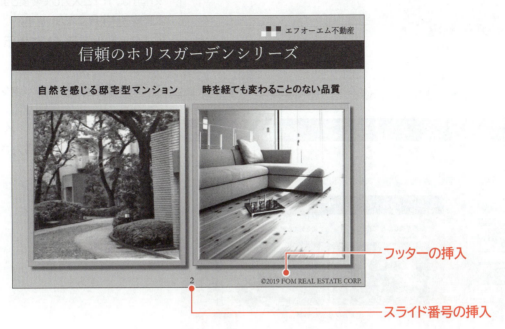

フッターの挿入
スライド番号の挿入

2 ヘッダーとフッターの挿入

「**ヘッダー**」はスライド上部の領域、「**フッター**」はスライド下部の領域のことです。すべてのスライドに共通して表示したい日付や会社名、スライド番号などを設定します。
タイトルスライド以外のすべてのスライドのフッターに「©2019 FOM REAL ESTATE CORP.」と、スライド番号を挿入しましょう。

①《挿入》タブを選択します。
②《テキスト》グループの （ヘッダーとフッター）をクリックします。

148

《ヘッダーとフッター》ダイアログボックスが表示されます。

③《スライド》タブを選択します。
④《スライド番号》を☑にします。
⑤《フッター》を☑にし、「©2019 FOM REAL ESTATE CORP.」と入力します。
※「©」は、「c」と入力して変換します。
※英数字は半角で入力します。
⑥《タイトルスライドに表示しない》を☑にします。
⑦《すべてに適用》をクリックします。
⑧タイトルスライド以外のスライドに、スライド番号とフッターが挿入されていることを確認します。

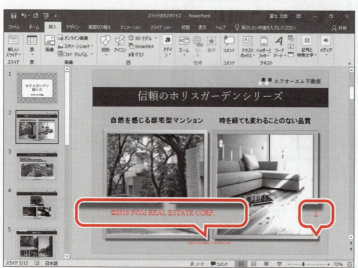

3 ヘッダーとフッターの編集

ヘッダーとフッターに挿入した文字やスライド番号は、各スライド上で直接編集できます。すべてのスライドのヘッダーやフッターを編集する場合は、スライドマスターを使うとまとめて編集できます。
共通のスライドマスターのフッターとスライド番号のプレースホルダーに、次のような書式を設定し、表示位置を調整しましょう。

●フッター「©2019 FOM REAL ESTATE CORP.」のプレースホルダー

右揃え
フォントサイズ：14ポイント

●スライド番号のプレースホルダー

中央揃え
フォントサイズ：18ポイント

①《表示》タブを選択します。
②《マスター表示》グループの (スライドマスター表示) をクリックします。

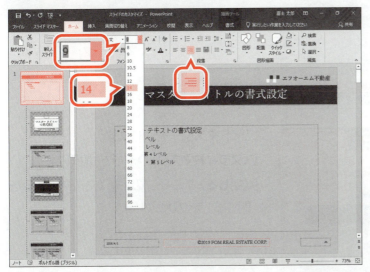

スライドマスターが表示されます。
③サムネイルの一覧から《シャボンノート：スライド1-12で使用される》を選択します。
※一覧に表示されていない場合は、上にスクロールして調整します。
④「©2019 FOM REAL ESTATE CORP.」のプレースホルダーを選択します。
⑤《ホーム》タブを選択します。
⑥《段落》グループの (右揃え) をクリックします。
⑦《フォント》グループの (フォントサイズ) の をクリックし、一覧から《14》を選択します。

⑧図のように、「©2019 FOM REAL ESTATE CORP.」のプレースホルダーをドラッグして移動します。

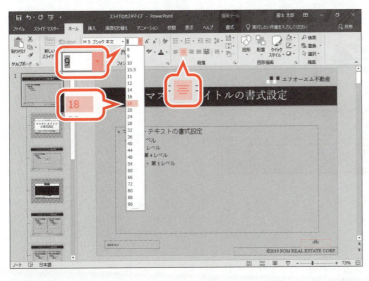

⑨「〈#〉」のプレースホルダーを選択します。
※スライド番号のプレースホルダーには、「〈#〉」が表示されています。
⑩《段落》グループの (中央揃え) をクリックします。
⑪《フォント》グループの (フォントサイズ) の をクリックし、一覧から《18》を選択します。

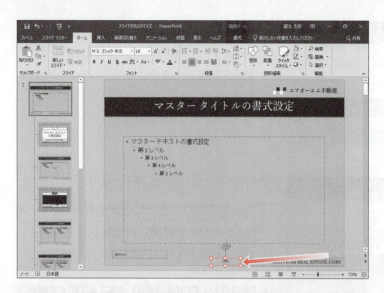

⑫図のように、「〈#〉」のプレースホルダーをドラッグして移動します。

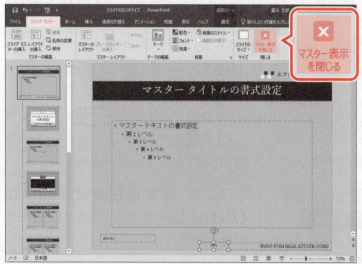

スライドマスターを閉じます。
⑬《スライドマスター》タブを選択します。
⑭《閉じる》グループの ✕ (マスター表示を閉じる)をクリックします。

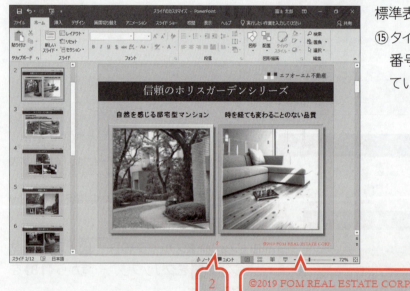

標準表示に戻ります。
⑮タイトルスライド以外のスライドのスライド番号とフッターの書式と位置が変更されていることを確認します。

Step 6 オブジェクトに動作を設定する

1 オブジェクトの動作設定

別のスライドにジャンプしたり、別のファイルを表示したり、Webサイトを表示したりするなどの動作をスライド上の画像や図形などのオブジェクトに設定することができます。
スライド4のSmartArtグラフィック内の左下の画像をクリックすると、スライド6にジャンプするように設定しましょう。

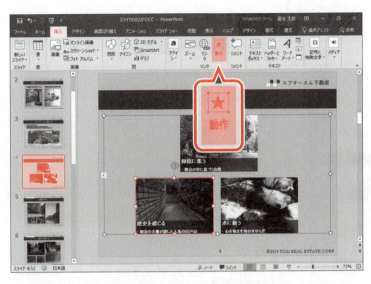

①スライド4を選択します。
②左下の画像を選択します。
③《挿入》タブを選択します。
④《リンク》グループの ★ （動作）をクリックします。

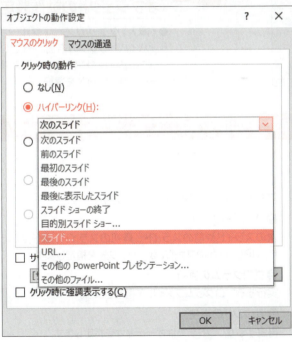

《オブジェクトの動作設定》ダイアログボックスが表示されます。
⑤《マウスのクリック》タブを選択します。
⑥《ハイパーリンク》を ⦿ にします。
⑦ ▼ をクリックし、一覧から《スライド》を選択します。

152

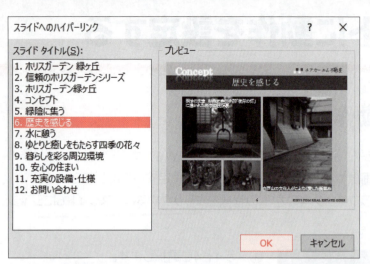

《スライドへのハイパーリンク》ダイアログボックスが表示されます。

⑧《スライドタイトル》の一覧から「6.歴史を感じる」を選択します。

⑨《OK》をクリックします。

《オブジェクトの動作設定》ダイアログボックスに戻ります。

⑩《OK》をクリックします。

> **STEP UP** その他の方法
> （オブジェクトの動作設定）
>
> ◆《挿入》タブ→《リンク》グループの 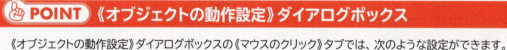（ハイパーリンクの追加）→《このドキュメント内》→《ドキュメント内の場所》の一覧からスライドを選択

POINT 《オブジェクトの動作設定》ダイアログボックス

《オブジェクトの動作設定》ダイアログボックスの《マウスのクリック》タブでは、次のような設定ができます。

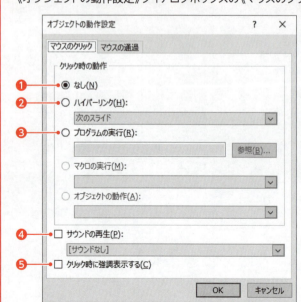

❶ なし
何も実行しないようにする場合に選択します。

❷ ハイパーリンク
次のスライドや前のスライド、最初のスライド、最後のスライド、URL、ほかのファイルなどリンク先を指定します。

❸ プログラムの実行
実行するプログラムファイルを指定します。

❹ サウンドの再生
再生するサウンドまたはオーディオを指定します。

❺ クリック時に強調表示する
クリックしたときにオブジェクトの周囲に点線を表示します。

2 動作の確認

スライドショーを実行し、スライド4の画像に設定したリンクを確認しましょう。

①スライド4が選択されていることを確認します。
②《スライドショー》タブを選択します。
③《スライドショーの開始》グループの （このスライドから開始）をクリックします。

スライドショーが実行されます。
④左下の画像をポイントします。
マウスポインターの形が🖑に変わります。
⑤クリックします。

スライド6が表示されます。
※ Esc を押して、スライドショーを終了しておきましょう。

Step 7 動作設定ボタンを作成する

1 動作設定ボタン

「**動作設定ボタン**」とは、プレゼンテーション内の別のスライドにジャンプしたり、別のファイルを開いたりすることができるボタンのことです。◀（戻る/前へ）や▶（進む/次へ）、🏠（ホームへ移動）などのボタンがあらかじめ用意されています。

●動作設定ボタン

2 動作設定ボタンの作成

スライド6に、スライド4へ戻る動作設定ボタンを作成しましょう。

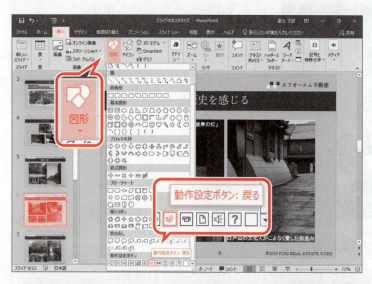

①スライド6を選択します。
②《**挿入**》タブを選択します。
③《**図**》グループの（図形）をクリックします。
④《**動作設定ボタン**》の（動作設定ボタン：戻る）をクリックします。

※一覧に表示されていない場合は、スクロールして調整します。

⑤図のようにドラッグします。

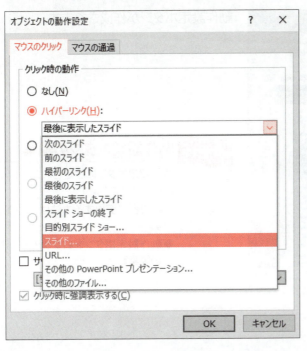

動作設定ボタンが作成され、《オブジェクトの動作設定》ダイアログボックスが表示されます。

⑥《マウスのクリック》タブを選択します。

⑦《ハイパーリンク》を ⦿ にします。

⑧ ∨ をクリックし、一覧から《スライド》を選択します。

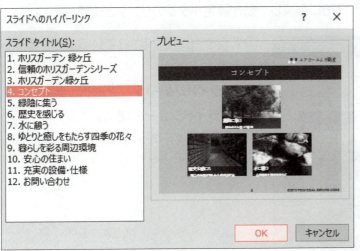

《スライドへのハイパーリンク》ダイアログボックスが表示されます。

⑨《スライドタイトル》の一覧から「4.コンセプト」を選択します。

⑩《OK》をクリックします。

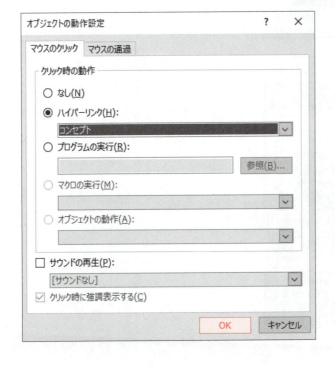

《オブジェクトの動作設定》ダイアログボックスに戻ります。

⑪《OK》をクリックします。

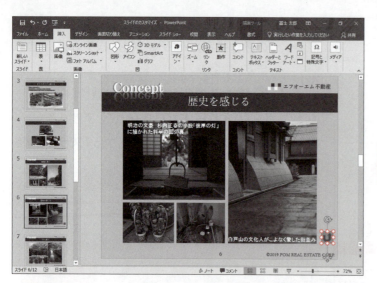

動作設定ボタンが作成されます。

> **STEP UP** 動作設定ボタンの編集
>
> 動作設定ボタンに設定された内容は、あとから変更できます。
> 設定内容を変更する方法は、次のとおりです。
> ◆動作設定ボタンを右クリック→《リンクの編集》

3 動作の確認

スライドショーを実行し、スライド6に作成した動作設定ボタンのリンクを確認しましょう。

①スライド6が選択されていることを確認します。
②《スライドショー》タブを選択します。
③《スライドショーの開始》グループの (このスライドから開始)をクリックします。

スライドショーが実行されます。
④動作設定ボタンをポイントします。
マウスポインターの形が に変わります。
⑤クリックします。

スライド4が表示されます。
※ Esc を押して、スライドショーを終了しておきましょう。

Let's Try ためしてみよう

次のようにスライドを編集しましょう。

①スライド4のSmartArtグラフィック内の残りの2つの画像に、クリックするとそれぞれリンク先にジャンプするように設定しましょう。

画像の位置	リンク先
上	スライド5
右下	スライド7

②スライド6に作成した動作設定ボタンを、スライド5とスライド7にコピーしましょう。
③スライドショーを実行し、①と②で設定したリンクを確認しましょう。

Let's Try Answer

①
①スライド4を選択
②上の画像を選択
③《挿入》タブを選択
④《リンク》グループの をクリック
⑤《マウスのクリック》タブを選択
⑥《ハイパーリンク》を◉にする
⑦ ▽ をクリックし、一覧から《スライド》を選択
⑧《スライドタイトル》の一覧から「5.緑陰に集う」を選択
⑨《OK》をクリック
⑩《OK》をクリック
⑪同様に、右下の画像にリンクを設定

②
①スライド6を選択
②動作設定ボタンを選択
③《ホーム》タブを選択
④《クリップボード》グループの をクリック
⑤スライド5を選択
⑥《クリップボード》グループの をクリック
⑦スライド7を選択
⑧《クリップボード》グループの をクリック

③
①スライド4を選択
②《スライドショー》タブを選択
③《スライドショーの開始》グループの をクリック
④上の画像をクリック
⑤スライド5の動作設定ボタンをクリック
⑥スライド4の右下の画像をクリック
⑦スライド7の動作設定ボタンをクリック

※ Esc を押して、スライドショーを終了しておきましょう。

※プレゼンテーションに「スライドのカスタマイズ完成」と名前を付けて、フォルダー「第4章」に保存し、閉じておきましょう。

練習問題

解答 ▶ 別冊P.8

　フォルダー「第4章練習問題」のプレゼンテーション「第4章練習問題」を開いておきましょう。

次のようなプレゼンテーションを作成しましょう。

※設定する項目名が一覧にない場合は、任意の項目を選択してください。

●完成図

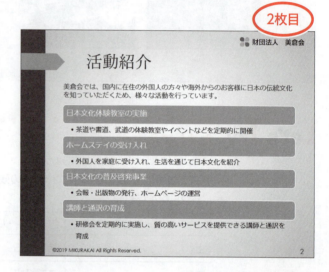

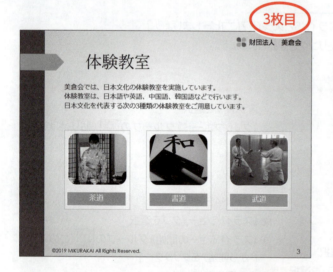

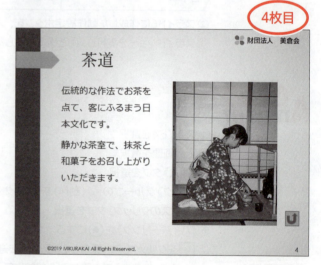

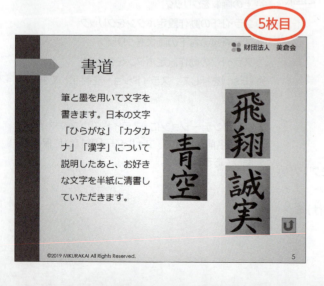

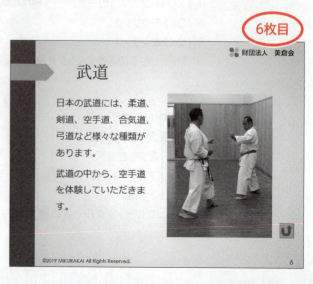

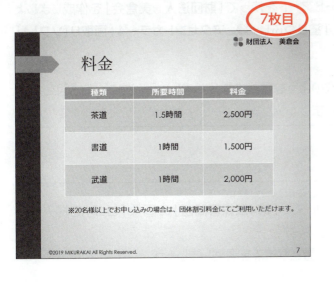
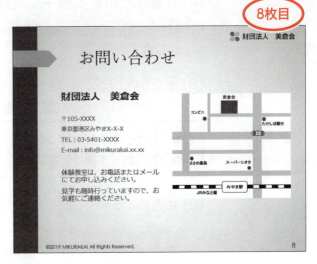

① スライドマスターを表示しましょう。

② 共通のスライドマスターのタイトルに、次のような書式を設定しましょう。

フォント　　　　：游明朝
フォントサイズ：40ポイント

③ 共通のスライドマスターにある弧状の図形を削除しましょう。
　次に、長方形のサイズを変更しましょう。

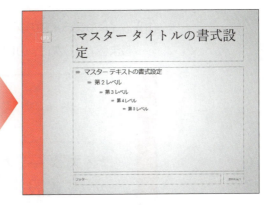

Hint! 弧状の図形は、濃い色と薄い色の弧状の図形で構成されています。図形を削除するには、濃い色と薄い色の弧状の図形をそれぞれ削除します。

④ 共通のスライドマスターに、ワードアートを使って「財団法人　美倉会」を作成しましょう。ワードアートのスタイルは、「**塗りつぶし：緑、アクセントカラー4；面取り（ソフト）**」にします。

⑤ ④で作成したワードアートに、次のような書式を設定しましょう。次に、完成図を参考に、ワードアートの位置を調整しましょう。

フォントサイズ ：16ポイント **フォントの色** 　：黒、テキスト1

⑥ 共通のスライドマスターに、フォルダー「**第4章練習問題**」の画像「**ロゴ**」を挿入しましょう。
次に、完成図を参考に、画像の位置とサイズを調整しましょう。

⑦ タイトルスライドのスライドマスターにあるタイトルのフォントサイズを60ポイントに変更しましょう。

⑧ タイトルスライドのスライドマスターにあるサブタイトルのフォントサイズを24ポイントに変更し、右揃えにしましょう。

⑨ タイトルスライドのスライドマスターにあるワードアートとロゴがタイトルスライドに表示されないように、背景を非表示にしましょう。

> **Hint!** 《スライドマスター》タブ→《背景》グループを使います。

⑩ タイトルスライドのスライドマスターに、共通のスライドマスターにある長方形をコピーしましょう。次に、コピーした長方形を最背面に移動しましょう。

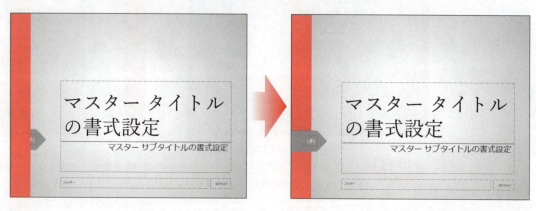

⑪ スライドマスターを閉じましょう。

⑫ スライドマスターで編集したデザインをテーマ「**美倉会**」として保存しましょう。

⑬ タイトルスライド以外のすべてのスライドのフッターに「©2019 MIKURAKAI All Rights Reserved.」とスライド番号を挿入しましょう。

※「©」は、「c」と入力して変換します。
※英数字は半角で入力します。

⑭ スライドマスターを表示し、共通のスライドマスターにあるフッターに、次のような書式を設定しましょう。
　次に、フッターの位置を調整しましょう。

```
フォントの色　　：黒、テキスト1
フォントサイズ　：12ポイント
```

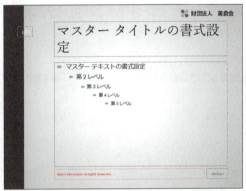 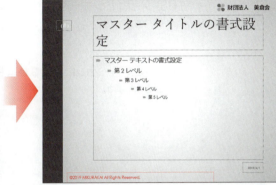

⑮ 共通のスライドマスターにあるスライド番号に、次のような書式を設定しましょう。
　次に、スライド番号の位置を調整し、スライドマスターを閉じましょう。

```
フォントの色　　：黒、テキスト1
フォントサイズ　：16ポイント
```

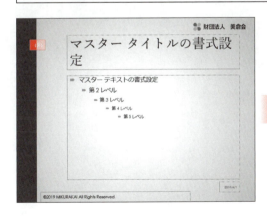 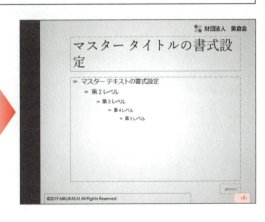

⑯ スライド3のSmartArtグラフィック内の画像に、クリックするとそれぞれリンク先にジャンプするように設定しましょう。

画像	リンク先
茶道	スライド4
書道	スライド5
武道	スライド6

⑰ 完成図を参考に、スライド4からスライド6に、スライド3に戻る動作設定ボタンを作成しましょう。

⑱ スライドショーを実行し、スライド3からスライド6に設定したリンクを確認しましょう。

※プレゼンテーションに「第4章練習問題完成」と名前を付けて、フォルダー「第4章練習問題」に保存し、閉じておきましょう。

第5章

ほかのアプリケーションとの連携

Check	この章で学ぶこと	165
Step1	作成するプレゼンテーションを確認する	166
Step2	Wordのデータを利用する	169
Step3	Excelのデータを利用する	175
Step4	ほかのPowerPointのデータを利用する	190
Step5	スクリーンショットを挿入する	194
練習問題		198

第5章 この章で学ぶこと

学習前に習得すべきポイントを理解しておき、
学習後には確実に習得できたかどうかを振り返りましょう。

1. Word文書を挿入する手順を理解し、スライドに挿入できる。 → P.170
2. スライドをリセットできる。 → P.172
3. Excelグラフの貼り付け方法を理解し、必要に応じて使い分けられる。 → P.176
4. Excelグラフをスライドにリンク貼り付けできる。 → P.178
5. リンク貼り付けしたグラフを更新できる。 → P.181
6. Excelグラフをスライドに図として貼り付けできる。 → P.184
7. Excel表の貼り付け方法を理解し、必要に応じて使い分けられる。 → P.186
8. Excel表をスライドに貼り付けられる。 → P.186
9. ほかのPowerPointのスライドを再利用できる。 → P.190
10. スクリーンショットを使ってスライドに画像を挿入できる。 → P.194

Step1 作成するプレゼンテーションを確認する

1 作成するプレゼンテーションの確認

次のようなプレゼンテーションを作成しましょう。

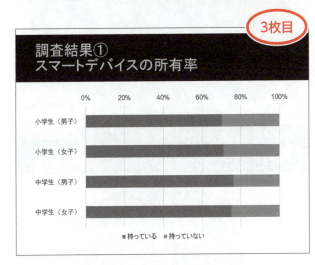

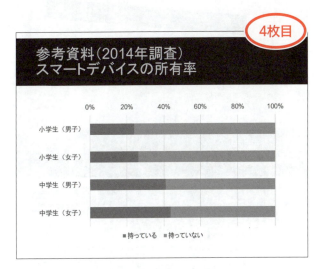

調査結果④ スマートデバイスを持たせない理由 (7枚目)

- ■小学生
  - ・生活習慣が乱れる
  - ・トラブルに巻き込まれる可能性がある
  - ・必要性を感じない
- ■中学生
  - ・トラブルに巻き込まれる可能性がある
  - ・生活習慣の乱れや勉強の妨げになる
  - ・子どもの持ち物としてふさわしくない

調査結果⑤ 使用中のスマートデバイスの種類 (8枚目)

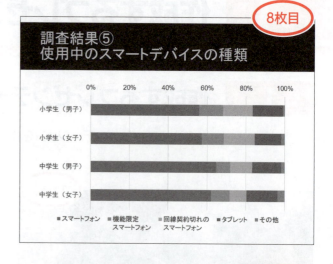

調査結果⑥（子ども調査） スマートデバイスを使う目的は？ (9枚目)

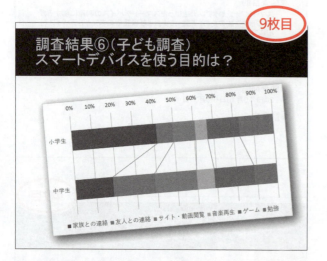

調査結果⑦ 家庭における利用ルール (10枚目)

ルール	小学生	中学生
利用する時間を決めている	38.2%	28.3%
利用するサイトを決めている	12.3%	19.4%
利用する場所を決めている	4.2%	2.1%
通話やメールの相手を限定している	35.7%	11.7%
アプリやネット上でお金を使わない	3.3%	12.3%
個人情報を書き込まない	2.0%	19.7%
特にルールはない	3.4%	4.6%
その他	0.9%	1.9%

調査結果⑧ 利用に関する心配事項 (11枚目)

心配事項	小学生 所有	小学生 未所有	中学生 所有	中学生 未所有
出会い系サイトなど知らない人との交流	1.3%	2.2%	15.2%	17.6%
ネットやメールによる誹謗中傷、いじめ	18.3%	35.0%	34.3%	34.9%
有害なサイトへのアクセス	1.7%	10.1%	12.1%	10.2%
高額な利用料金の請求	1.4%	6.1%	5.4%	11.3%
家族との時間が少なくなる	2.8%	10.2%	3.8%	3.4%
勉強に身が入らなくなる	4.8%	16.8%	13.9%	10.1%
子どもの交友関係を把握しづらくなる	3.9%	8.4%	7.6%	7.2%
特に心配事はない	62.3%	8.9%	5.6%	2.1%
その他	3.5%	2.3%	2.1%	3.2%

調査結果⑨ フィルタリングの設定状況 (12枚目)

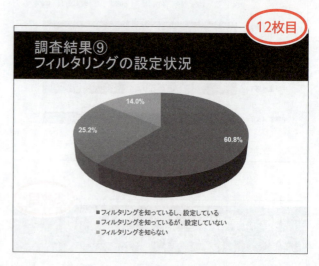

13枚目 — 総括①

5年前から大幅な増加
今回の調査で、スマートデバイスを所有している小学生は、70.5%（5年前：25.3%）、中学生は75.6%（5年前：42.2%）と、どちらも大幅に増加していることが認められる。

関心の高さ
子ども調査によると、93.8%の小学生、97.6%の中学生がスマートデバイスを持っている、または欲しいと思っており、スマートデバイスへの関心の高さがうかがえる。

所有状況

小学生がスマートデバイスを持つ理由では、「帰宅時に親が不在」「ひとりで行動することが増えた」「学習用アプリの利用」が多く、親が積極的に持たせていることがうかがえる。
→ **小学生は親が主導**

中学生がスマートデバイスを持つ理由では、「家族や友人間のコミュニケーション」「子どもの交友関係で必要」が多く、子ども側からの要望で持たせていることがうかがえる。
→ **中学生は子どもからの要望**

14枚目 — 総括②

スマートデバイスの使用目的
- 小学生は通話やメールで連絡をとる相手がほぼ家族であるのに対し、中学生は家族と友人が半分ずつ程度となっている。
- 中学生はサイト・動画閲覧やゲームを目的としている割合が最も高い。

家庭内におけるルールについて
- 小・中学生とも90％以上の家庭でルールを設けており、インターネットの利用についてのルールがメインになっている。
- 中学生においては、料金の上限や個人情報を記載しないなど、インターネットの利用において、より細かくルールを設定している。

フィルタリングの設定
- 小学生51.1%、中学生48.5%となっており、このことからも保護者が有害なサイトの閲覧などを心配しているかが推測される。

15枚目 — 総括③

スマートデバイスの利用に関する心配事項について
- スマートデバイスを持っていない子どもの保護者の方が、スマートデバイスを持っている子どもの保護者より、多くの点でスマートデバイスの利用を心配している。
- 中学生の保護者は、スマートデバイスの所有の有無に関わらず、インターネットの利用や生活習慣への影響などについて心配している。
- インターネットの利用について心配する保護者は多いが、現在でもフィルタリングを設定していない保護者も多数いる。

フィルタリングの設定率を上げるための啓発活動が必要

※フィルタリング
子どもにとって有害なサイトへのアクセスを制限し、閲覧することを防ぐ機能。2018年2月より、スマートフォンの購入時に、店頭での「フィルタリングサービス」の設定が義務化された。フィルタリングを設定しない場合は、フィルタリング不要の届出が必要。

16枚目 — ガイドブックの概要について

対象者
- 小・中学生の保護者

提供時期
- 2019年9月

内容
- スマートデバイスに関するトラブルや犯罪（ケーススタディ）
- フィルタリングの設定について
- 家庭内における利用ルールの取り決めについて
- 学校との連携について

スマートデバイス利用のしおり
小学校高学年向け
2019年度版
白門山市教育委員会

Step2 Wordのデータを利用する

1 作成するスライドの確認

Word文書を利用して、次のようなスライドを作成しましょう。

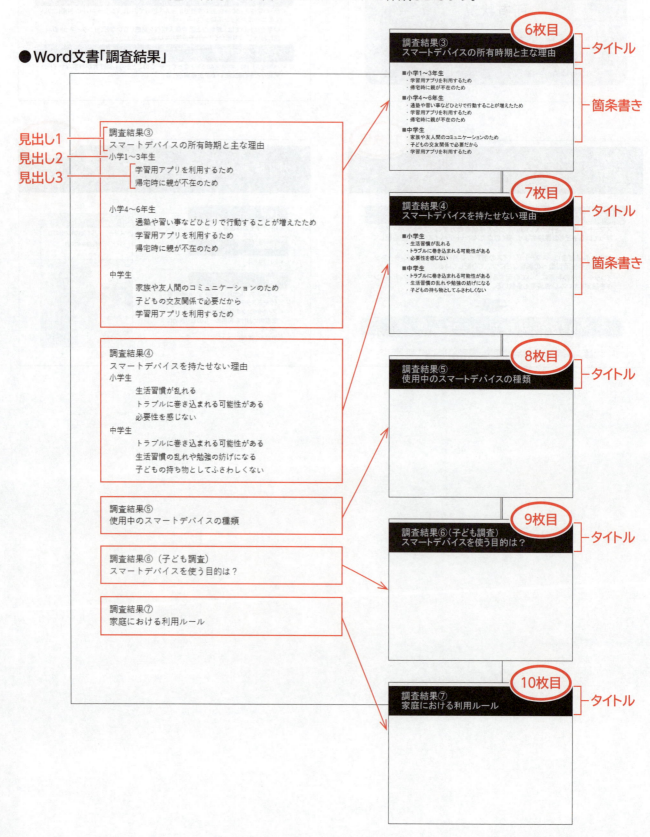

2 Word文書の挿入

Wordで作成した文書を挿入し、PowerPointのスライドを作成できます。
Word文書をスライドとして利用する手順は、次のとおりです。

1 Word上でスタイルを設定

スライドのタイトルにしたい段落に「見出し1」、箇条書きテキストにしたい段落に「見出し2」から「見出し9」のスタイルを設定します。

2 PowerPoint上にWord文書を挿入

PowerPointにWord文書を挿入します。

3 アウトラインからスライド

スライド5の後ろに、Word文書「**調査結果**」を挿入しましょう。
※Word文書「調査結果」には、あらかじめ見出し1から見出し3までのスタイルが設定されています。

File OPEN フォルダー「第5章」のプレゼンテーション「ほかのアプリケーションとの連携」を開いておきましょう。

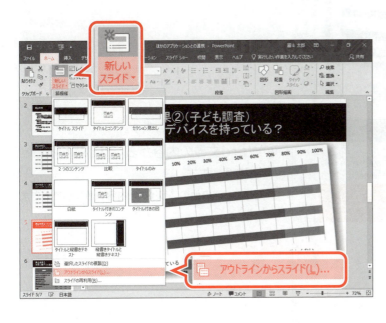

① スライド5を選択します。
②《**ホーム**》タブを選択します。
③《**スライド**》グループの （新しいスライド）の をクリックします。
④《**アウトラインからスライド**》をクリックします。

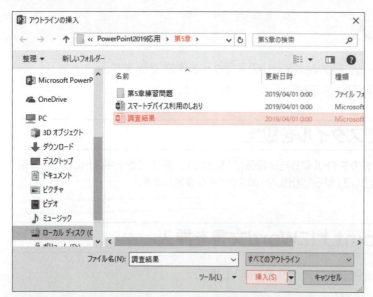

《**アウトラインの挿入**》ダイアログボックスが表示されます。

Word文書が保存されている場所を選択します。

⑤フォルダー「**第5章**」が開かれていることを確認します。

※「第5章」が開かれていない場合は、《PC》→《ドキュメント》→「PowerPoint2019応用」→「第5章」を選択します。

挿入するWord文書を選択します。

⑥一覧から「**調査結果**」を選択します。

⑦《**挿入**》をクリックします。

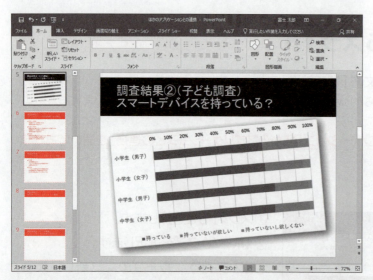

スライド5の後ろに、スライド6からスライド10が挿入されます。

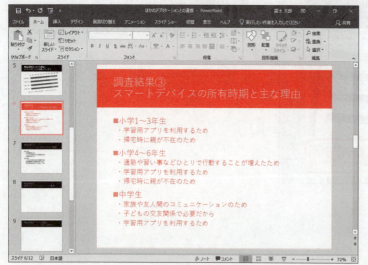

⑧スライド6を選択します。

⑨Word文書の内容が表示されていることを確認します。

※同様に、その他のスライドの内容を確認しておきましょう。

4 スライドのリセット

Word文書を挿入して作成したスライドには、Word文書で設定した書式がそのまま適用されています。
作成中のプレゼンテーションに適用されているテーマの書式にそろえるためには、スライドの**「リセット」**を行います。スライドのリセットを行うと、プレースホルダーの位置やサイズ、書式などがプレゼンテーションのテーマの設定に戻ります。

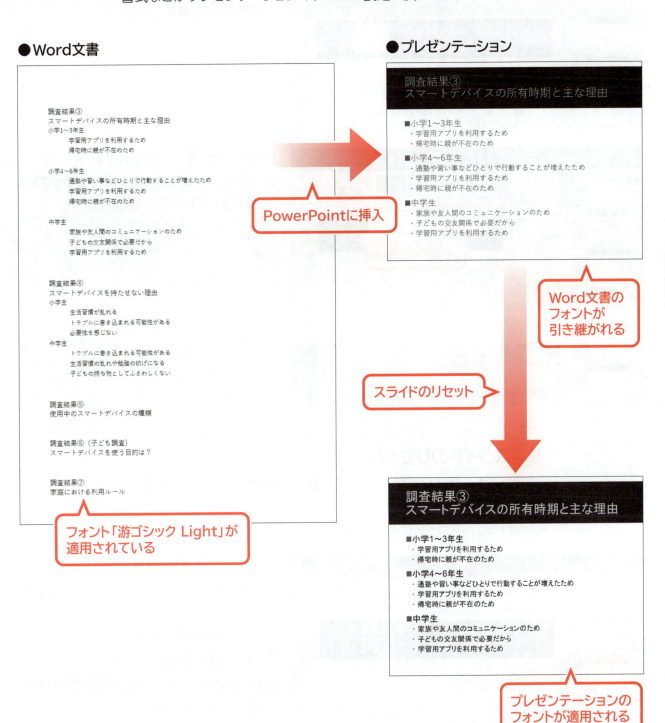

1 現在のテーマのフォントの確認

プレゼンテーション「ほかのアプリケーションとの連携」には、テーマ「縞模様」が適用されていますが、テーマのフォントは「Arial　MSPゴシック　MSPゴシック」に変更されています。
プレゼンテーションに適用されているテーマのフォントを確認しましょう。

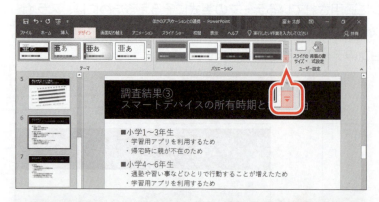

①《デザイン》タブを選択します。
②《バリエーション》グループの ▼ (その他) をクリックします。

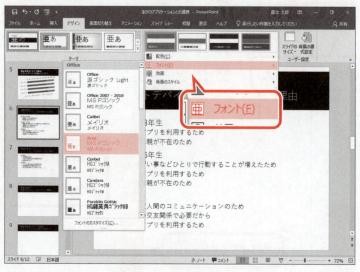

③《フォント》をポイントします。
④《Arial　MSPゴシック　MSPゴシック》が選択されていることを確認します。

2 スライドのリセット

スライド6からスライド10は、Word文書「調査結果」のフォント「游ゴシック Light」が引き継がれています。
スライド6からスライド10をリセットしましょう。

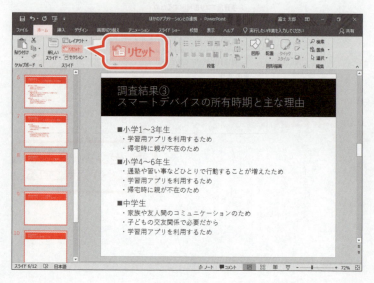

①スライド6を選択します。
②[Shift]を押しながら、スライド10を選択します。
5枚のスライドが選択されます。
③《ホーム》タブを選択します。
④《スライド》グループの リセット (リセット) をクリックします。

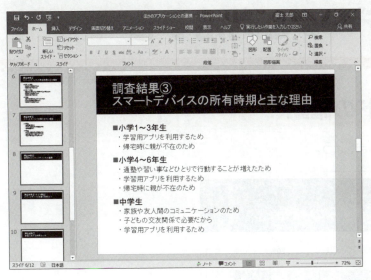

スライドがリセットされ、スライド内のフォントがテーマのフォントに変わります。
※各スライドをクリックして確認しておきましょう。

Let's Try ためしてみよう

次のようにスライドを編集しましょう。
① スライド8からスライド10の3枚のスライドのレイアウトを「タイトルのみ」に変更しましょう。
② スライド11とスライド12のタイトルを次のように編集しましょう。

●スライド11
「調査結果③」を「調査結果⑧」に変更
●スライド12
「調査結果④」を「調査結果⑨」に変更

スライド11

スライド12

Let's Try Answer

①
① スライド8を選択
② [Shift]を押しながら、スライド10を選択
③《ホーム》タブを選択
④《スライド》グループの [レイアウト▼] (スライドのレイアウト)をクリック
⑤《タイトルのみ》をクリック

②
① スライド11を選択
② タイトルの「調査結果③」を「調査結果⑧」に変更
③ スライド12を選択
④ タイトルの「調査結果④」を「調査結果⑨」に変更

Step3 Excelのデータを利用する

1 作成するスライドの確認

次のようなスライドを作成しましょう。

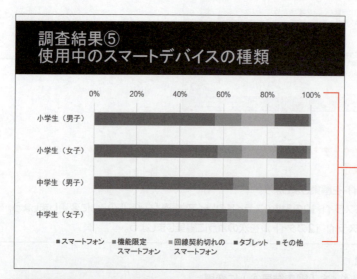

貼り付け先のテーマを使用してリンク貼り付け

リンクの確認

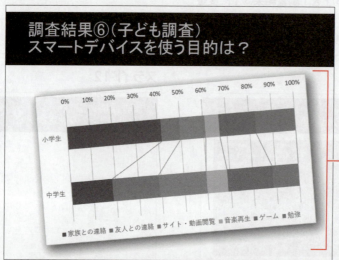

図として貼り付け

図のスタイルの適用

ルール	小学生	中学生
利用する時間を決めている	38.2%	28.3%
利用するサイトを決めている	12.3%	19.4%
利用する場所を決めている	4.2%	2.1%
通話やメールの相手を限定している	35.7%	11.7%
アプリやネット上でお金を使わない	3.3%	12.3%
個人情報を書き込まない	2.0%	19.7%
特にルールはない	3.4%	4.6%
その他	0.9%	1.9%

調査結果⑦　家庭における利用ルール

貼り付け先のスタイルを使用して貼り付け

表の書式設定

2 Excelのデータの貼り付け

Excelで作成した表やグラフをコピーしてPowerPointのスライドに利用できます。Excelのデータを貼り付ける場合は、あとからそのデータを修正するかどうかによって、貼り付け方法を決めるとよいでしょう。
Excelのデータをスライドに貼り付ける場合は、 (貼り付け) を使います。

●Excelグラフを貼り付ける場合

●Excel表を貼り付ける場合

3 Excelグラフの貼り付け方法

Excelグラフをスライドに貼り付ける方法には、次のようなものがあります。

ボタン	ボタンの名前	説明
	貼り付け先のテーマを使用しブックを埋め込む	Excelで設定した書式を削除し、プレゼンテーションに設定されているテーマで埋め込みます。
	元の書式を保持しブックを埋め込む	Excelで設定した書式のまま、スライドに埋め込みます。
	貼り付け先テーマを使用しデータをリンク	Excelで設定した書式を削除し、プレゼンテーションに設定されているテーマで、Excelデータと連携された状態で貼り付けます。
	元の書式を保持しデータをリンク	Excelで設定した書式のまま、Excelデータと連携された状態で貼り付けます。
	図	Excelで設定した書式のまま、図として貼り付けます。 ※図（画像）としての扱いになるため、データの修正はできなくなります。

POINT　Excelグラフの埋め込みとリンク

Excelグラフをスライドに貼り付ける方法には、「埋め込み」と「リンク」の2つがあります。
「埋め込み」とは、作成元のデータと連携せずにデータを貼り付けることです。Excelグラフをスライドに埋め込むと、Excelでデータを修正してもスライドに埋め込まれたグラフは変更されません。
「リンク」とは、作成元のデータと連携している状態のことを指します。Excelグラフをリンクして貼り付けると、貼り付け元と貼り付け先のデータが連携されているので、もとのExcelグラフを変更すると、スライドに貼り付けられたグラフも変更されます。

●Excelグラフを埋め込んだスライド

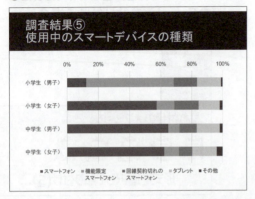 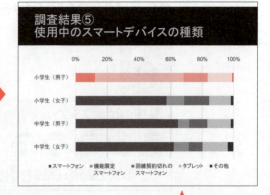

埋め込まれたグラフには反映されない

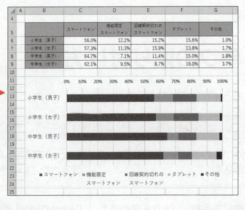

「小学生（男子）」のExcelのデータを修正

●Excelグラフをリンクしたスライド

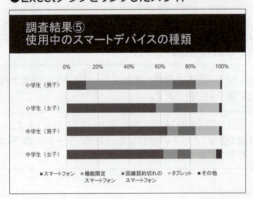 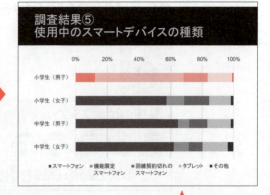

リンクされたグラフも更新される

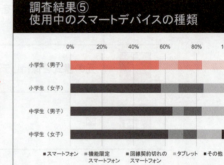

「小学生（男子）」のExcelのデータを修正

4 Excelグラフのリンク

スライド8にExcelブック「**調査結果データ①**」のシート「**調査結果⑤**」のグラフを、貼り付け先のテーマを使用してリンクしましょう。

フォルダー「第5章」のExcelブック「**調査結果データ①**」のシート「**調査結果⑤**」を開いておきましょう。

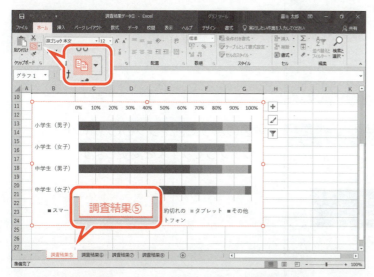

①Excelブック「**調査結果データ①**」に切り替えます。
※タスクバーの をクリックすると、ウィンドウが切り替わります。

②シート「**調査結果⑤**」のシート見出しをクリックします。

③グラフを選択します。

④《**ホーム**》タブを選択します。

⑤《**クリップボード**》グループの (コピー)をクリックします。

グラフがコピーされます。

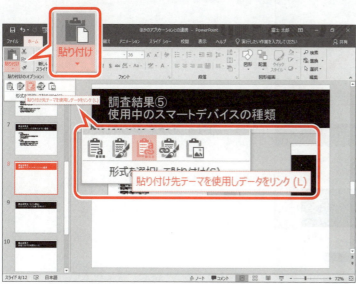

⑥作成中のプレゼンテーション「**ほかのアプリケーションとの連携**」に切り替えます。
※タスクバーの をクリックすると、ウィンドウが切り替わります。

⑦スライド8を選択します。

グラフを貼り付けます。

⑧《**ホーム**》タブを選択します。

⑨《**クリップボード**》グループの (貼り付け) の をクリックします。

⑩ (貼り付け先テーマを使用しデータをリンク) をクリックします。

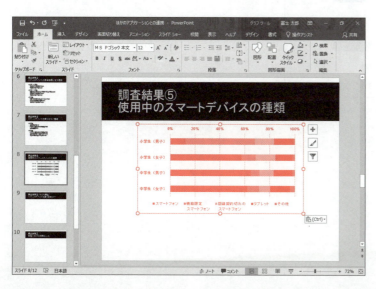

グラフが貼り付けられ、貼り付け先のテーマが適用されます。
※リボンに《グラフツール》の《デザイン》タブと《書式》タブが表示されます。

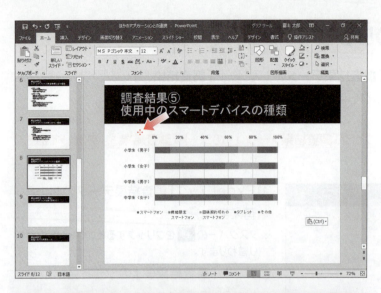

⑪図のように、グラフをドラッグして移動します。

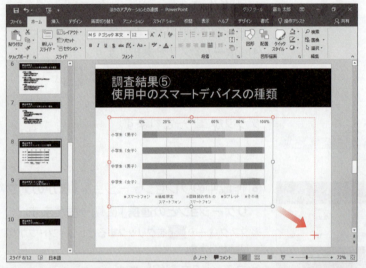

⑫図のように、グラフの○（ハンドル）をドラッグしてサイズを変更します。

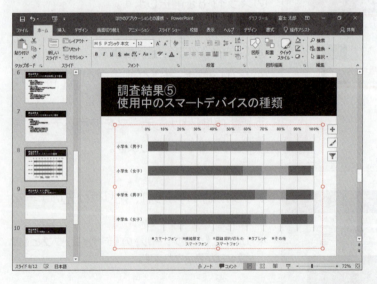

グラフのサイズが変更されます。

Let's Try ためしてみよう

次のようにスライドを編集しましょう。

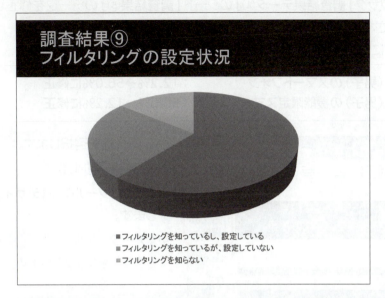

①スライド12にExcelブック「調査結果データ①」のシート「調査結果⑨」のグラフを、貼り付け先のテーマを使用し埋め込みましょう。
②スライド8とスライド12のグラフのフォントサイズを16ポイントに設定しましょう。
　次に、完成図を参考に、スライド12のグラフの位置とサイズを調整しましょう。

Let's Try Answer

①
①Excelブック「調査結果データ①」に切り替え
②シート「調査結果⑨」のシート見出しをクリック
③グラフを選択
④《ホーム》タブを選択
⑤《クリップボード》グループの ▢ (コピー) をクリック
⑥作成中のプレゼンテーション「ほかのアプリケーションとの連携」に切り替え
⑦スライド12を選択
⑧《ホーム》タブを選択
⑨《クリップボード》グループの ▢ (貼り付け) の ▢ をクリック
⑩ ▢ (貼り付け先のテーマを使用しブックを埋め込む) をクリック

②
①スライド8を選択
②グラフを選択
③《ホーム》タブを選択
④《フォント》グループの  (フォントサイズ) の ▾ をクリックし、一覧から《16》を選択
⑤同様に、スライド12のグラフのフォントサイズを変更
⑥グラフをドラッグして移動
⑦グラフの○ (ハンドル) をドラッグしてサイズ変更

5 リンクの確認

Excelブック「**調査結果データ①**」のシート「**調査結果⑤**」のデータを修正して、スライド8にリンクされたグラフにその修正が反映されることを確認します。

次のようにExcelのデータを修正しましょう。

```
小学生（男子）のスマートフォン        ：12.2%→56.0%に修正
小学生（男子）の機能限定スマートフォン ：56.0%→12.2%に修正
```

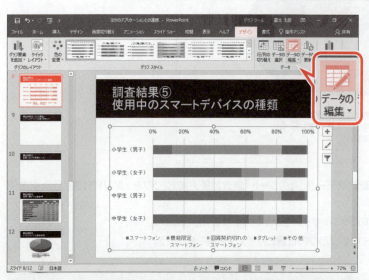

①スライド8を選択します。
②グラフを選択します。
③《グラフツール》の《デザイン》タブを選択します。
④《データ》グループの ▧ （データを編集します）をクリックします。

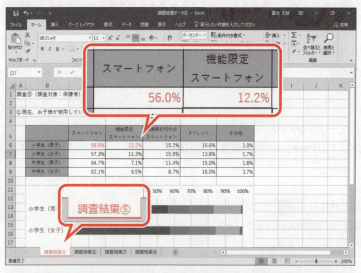

Excelブック「**調査結果データ①**」が表示されます。
⑤シート「**調査結果⑤**」のシート見出しをクリックします。

データを修正します。
⑥セル【C6】を「56.0%」に修正します。
⑦セル【D6】を「12.2%」に修正します。

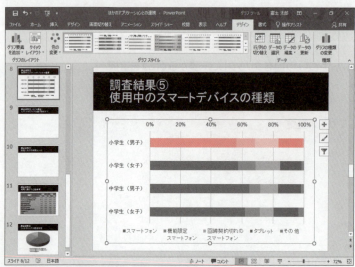

⑧作成中のプレゼンテーション「**ほかのアプリケーションとの連携**」に切り替えます。
※タスクバーの ▧ をクリックすると、ウィンドウが切り替わります。
⑨スライド8のグラフに修正が反映されていることを確認します。

POINT リンクしたグラフのデータ修正

リンク元のExcelブックを開いていない状態で ■（データを編集します）をクリックすると、リボンが表示されない「スプレッドシート」と呼ばれるワークシートが表示されます。

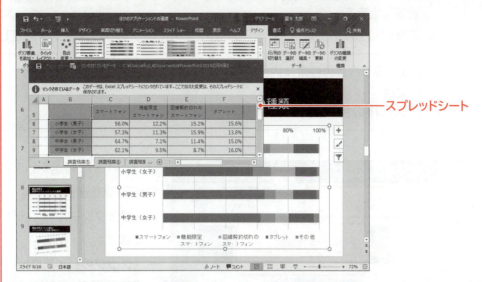

スプレッドシート

スプレッドシート上でもデータを修正できますが、Excelのリボンを使って修正を行いたい場合は、Excelブックを表示してデータを修正します。
Excelブックを表示してデータを編集する方法は、次のとおりです。

◆《グラフツール》の《デザイン》タブ→《データ》グループの ■（データを編集します）の ■ →《Excelでデータを編集》
◆スプレッドシートのタイトルバーの ■（Microsoft Excelでデータを編集）

POINT 埋め込んだグラフのデータ修正

■（貼り付け先のテーマを使用しブックを埋め込む）や ■（元の書式を保持しブックを埋め込む）を使って、スライドに埋め込んだグラフを修正する方法は、次のとおりです。

◆グラフを選択→《グラフツール》の《デザイン》タブ→《データ》グループの ■（データを編集します）
※データの編集で表示されるExcelブックは、もとのExcelブックではありません。タイトルバーには《Microsoft PowerPoint内のグラフ》と表示されます。

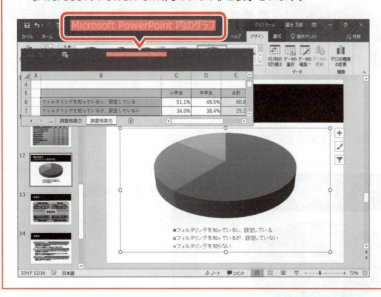

6 グラフの書式設定

PowerPointに貼り付けたExcelグラフは、PowerPointでグラフのデザインや書式を設定できます。
スライド12のグラフに、データラベルを表示し、次のような書式を設定しましょう。

```
データラベルの位置：内部外側
太字
フォントの色　　　：白、背景1
```

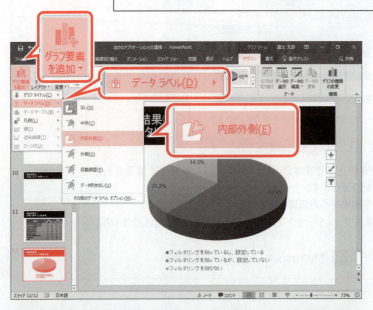

① スライド12を選択します。
② グラフを選択します。
③《グラフツール》の《デザイン》タブを選択します。
④《グラフのレイアウト》グループの (グラフ要素を追加) をクリックします。
⑤《データラベル》をポイントします。
⑥《内部外側》をクリックします。

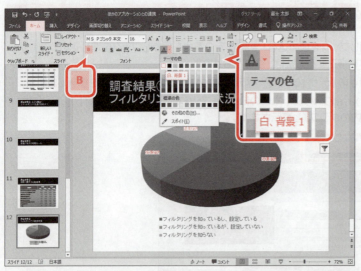

グラフにデータラベルが表示されます。
⑦ データラベルを選択します。
⑧《ホーム》タブを選択します。
⑨《フォント》グループの B (太字) をクリックします。
⑩《フォント》グループの A (フォントの色) の をクリックします。
⑪《テーマの色》の《白、背景1》をクリックします。

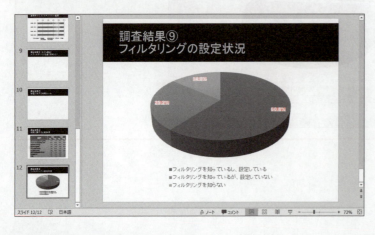

データラベルに書式が設定されます。
※選択を解除しておきましょう。

7 図として貼り付け

貼り付けたあとにデータを修正する必要がない場合は、Excelグラフを図として貼り付けます。図として貼り付けると、写真などの画像と同じように扱えるため、自由にサイズを変更したり、スタイルを設定したりすることができます。

1 グラフを図として貼り付け

スライド9に、Excelブック「**調査結果データ①**」のシート「**調査結果⑥**」のグラフを図として貼り付けましょう。

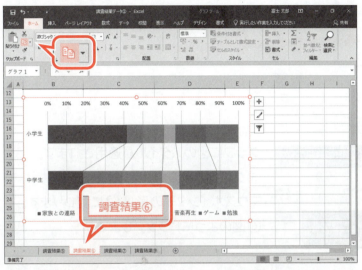

①Excelブック「**調査結果データ①**」に切り替えます。
※タスクバーの をクリックすると、ウィンドウが切り替わります。
②シート「**調査結果⑥**」のシート見出しをクリックします。
③グラフを選択します。
④《**ホーム**》タブを選択します。
⑤《**クリップボード**》グループの (コピー)をクリックします。
グラフがコピーされます。

⑥作成中のプレゼンテーション「**ほかのアプリケーションとの連携**」に切り替えます。
※タスクバーの をクリックすると、ウィンドウが切り替わります。
⑦スライド9を選択します。
グラフを貼り付けます。
⑧《**ホーム**》タブを選択します。
⑨《**クリップボード**》グループの (貼り付け)の をクリックします。
⑩ (図)をクリックします。

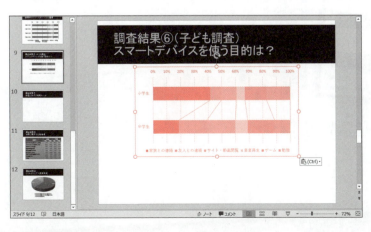

グラフが図として貼り付けられます。

2 図のスタイルの適用

グラフに図のスタイル「**四角形、右下方向の影付き**」を適用し、任意の角度に回転しましょう。
※設定する項目名が一覧にない場合は、任意の項目を選択してください。

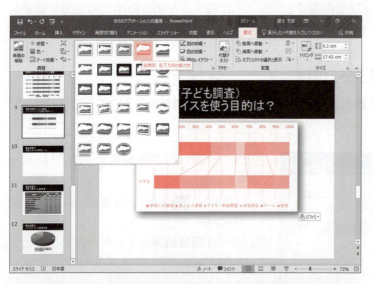

①グラフが選択されていることを確認します。
②《**書式**》タブを選択します。
③《**図のスタイル**》グループの ▼（その他）をクリックします。
④《**四角形、右下方向の影付き**》をクリックします。

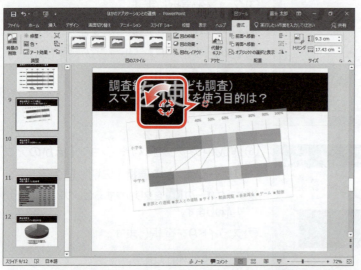

グラフに図のスタイルが適用されます。
⑤グラフの上の ⟲ をポイントします。
マウスポインターの形が ✣ に変わります。
⑥図のようにドラッグします。

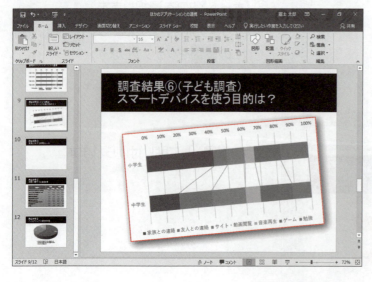

グラフが回転します。
※グラフの位置とサイズを調整しておきましょう。
※グラフ以外の場所をクリックし、選択を解除しておきましょう。

8 Excel表の貼り付け方法

Excel表をスライドに貼り付ける方法には、次のようなものがあります。

ボタン	ボタンの名前	説明
	貼り付け先のスタイルを使用	Excelで設定した書式を削除し、貼り付け先のプレゼンテーションのスタイルで貼り付けます。
	元の書式を保持	Excelで設定した書式のまま、スライドに貼り付けます。
	埋め込み	Excelのオブジェクトとしてスライドに貼り付けます。
	図	Excelで設定した書式のまま、図として貼り付けます。 ※図（画像）としての扱いになるため、データの修正はできなくなります。
	テキストのみ保持	Excelで設定した書式を削除し、文字だけを貼り付けます。

9 Excel表の貼り付け

スライド10にExcelブック「**調査結果データ①**」のシート「**調査結果⑦**」の表を、貼り付け先のスタイルを使用して貼り付けましょう。

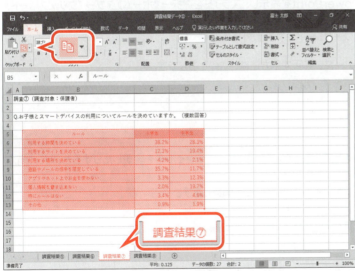

①Excelブック「**調査結果データ①**」に切り替えます。
※タスクバーの をクリックすると、ウィンドウが切り替わります。

②シート「**調査結果⑦**」のシート見出しをクリックします。

③セル範囲【B5:D13】を選択します。

④《**ホーム**》タブを選択します。

⑤《**クリップボード**》グループの （コピー）をクリックします。

コピーされた範囲が点線で囲まれます。

⑥作成中のプレゼンテーション「**ほかのアプリケーションとの連携**」に切り替えます。
※タスクバーの をクリックすると、ウィンドウが切り替わります。

⑦スライド10を選択します。

表を貼り付けます。

⑧《**ホーム**》タブを選択します。

⑨《**クリップボード**》グループの （貼り付け）の をクリックします。

⑩ （貼り付け先のスタイルを使用）をクリックします。

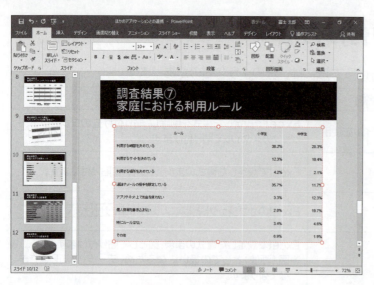

表が貼り付けられます。
※リボンに《表ツール》の《デザイン》タブと《レイアウト》タブが表示されます。
※表の位置とサイズを調整しておきましょう。
※Excelブック「調査結果データ①」を保存し、閉じておきましょう。

STEP UP その他の方法（貼り付け先のスタイルを使用して貼り付け）

◆Excel表をコピー→PowerPointを表示し、スライドを選択→《ホーム》タブ→《クリップボード》グループの (貼り付け)

STEP UP Excel表のリンク貼り付け

Excelの表をリンク貼り付けする方法は、次のとおりです。

◆Excel表をコピー→PowerPointを表示し、スライドを選択→《ホーム》タブ→《クリップボード》グループの (貼り付け)の 貼り付け →《形式を選択して貼り付け》→《●リンク貼り付け》→《Microsoft Excelワークシートオブジェクト》

リンク貼り付けした表のデータを修正する方法は、次のとおりです。
◆スライドに貼り付けた表をダブルクリック

STEP UP リンクの編集

リンク貼り付けを行ったあとで、ファイルを移動したり、ファイル名を変更したりすると、リンク元のファイルが参照できなくなります。
そのような場合は、正しく参照するようにリンクを編集します。
リンクを編集する方法は、次のとおりです。

◆《ファイル》タブ→《情報》→《ファイルへのリンクの編集》

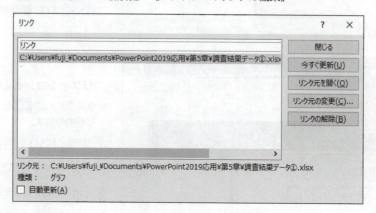

10 表の書式設定

PowerPointに貼り付けたExcelの表は、PowerPointの表と同じようにスタイルや書式を設定できます。

1 表全体の書式設定

貼り付けた表に、次のような書式を設定しましょう。

```
フォントサイズ　：16ポイント
表のスタイル　　：テーマスタイル1 - アクセント1
```

※設定する項目名が一覧にない場合は、任意の項目を選択してください。

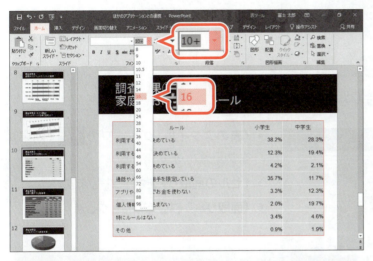

①スライド10を選択します。
②表を選択します。
③《ホーム》タブを選択します。
④《フォント》グループの 10+ （フォントサイズ）の をクリックし、一覧から《16》を選択します。

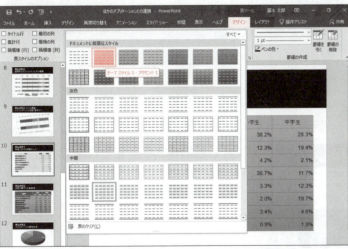

フォントサイズが変更されます。
⑤《表ツール》の《デザイン》タブを選択します。
⑥《表のスタイル》グループの （その他）をクリックします。
⑦《ドキュメントに最適なスタイル》の《テーマスタイル1-アクセント1》をクリックします。

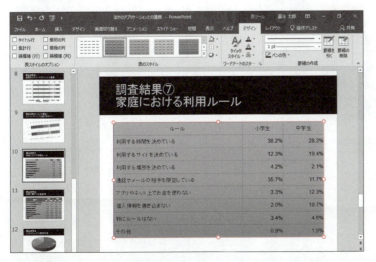

表にスタイルが適用されます。

2 表の1行目の書式設定

表の1行目を強調し、「**セルの面取り　丸**」の効果を設定しましょう。

※設定する項目名が一覧にない場合は、任意の項目を選択してください。

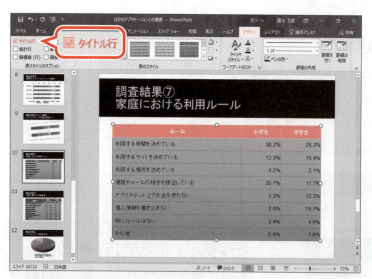

① 表の1行目を選択します。
※表の1行目の左側にマウスポインターを移動し、➡に変わったらクリックします。

② 《表ツール》の《デザイン》タブを選択します。

③ 《表スタイルのオプション》グループの《タイトル行》を ☑ にします。

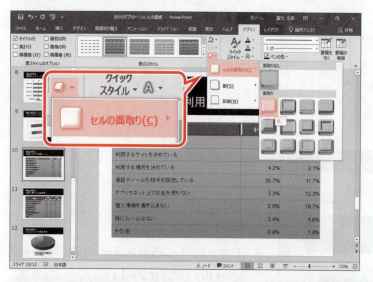

④ 《表のスタイル》グループの ◨▾ （効果）をクリックします。

⑤ 《セルの面取り》をポイントします。

⑥ 《面取り》の《丸》をクリックします。

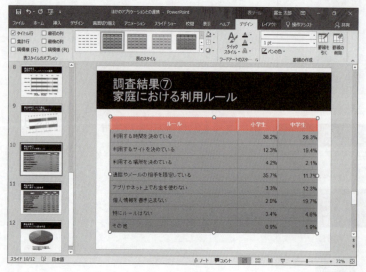

表の1行目に書式が設定されます。

Step 4 ほかのPowerPointのデータを利用する

1 スライドの再利用

PowerPointで作成したほかのプレゼンテーションのスライドを、作成中のプレゼンテーションのスライドとして利用することができます。
スライド12の後ろに、フォルダー**「第5章」**のプレゼンテーション**「調査まとめ」**のスライドを挿入しましょう。

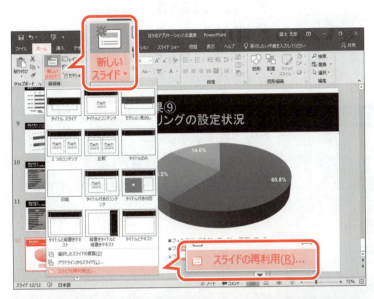

①スライド12を選択します。
②《**ホーム**》タブを選択します。
③《**スライド**》グループの （新しいスライド）の をクリックします。
④《**スライドの再利用**》をクリックします。

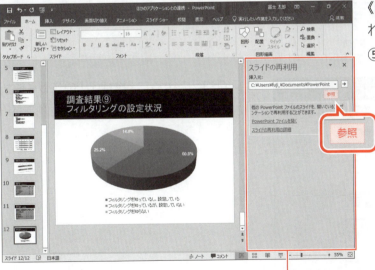

《**スライドの再利用**》作業ウィンドウが表示されます。
⑤《**参照**》をクリックします。

《スライドの再利用》作業ウィンドウ

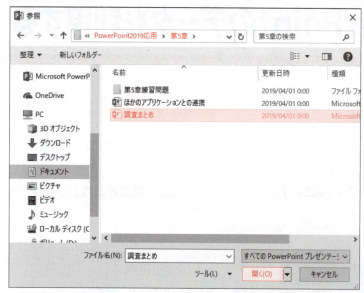

《参照》ダイアログボックスが表示されます。
再利用するプレゼンテーションが保存されている場所を選択します。

⑥《ドキュメント》が表示されていることを確認します。

※《ドキュメント》が表示されていない場合は、《PC》→《ドキュメント》を選択します。

⑦一覧から「PowerPoint2019応用」を選択します。

⑧《開く》をクリックします。

⑨一覧から「第5章」を選択します。

⑩《開く》をクリックします。

⑪一覧から「調査まとめ」を選択します。

⑫《開く》をクリックします。

《スライドの再利用》作業ウィンドウにスライドの一覧が表示されます。

再利用するスライドを選択します。

⑬「総括①」のスライドをクリックします。

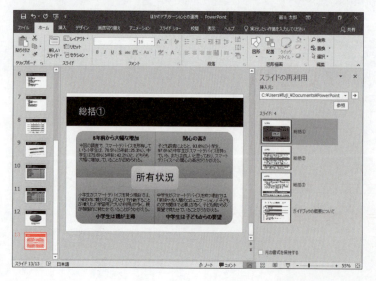

スライド12の後ろに「総括①」のスライドが挿入され、挿入先のテーマが適用されます。

⑭同様に、「**総括②**」「**総括③**」「**ガイドブックの概要について**」のスライドを挿入します。

※《スライドの再利用》作業ウィンドウを閉じておきましょう。

POINT 元の書式を保持したスライドの再利用

元のスライドの書式のままスライドを再利用したい場合は、《スライドの再利用》作業ウィンドウの《元の書式を保持する》を☑にします。

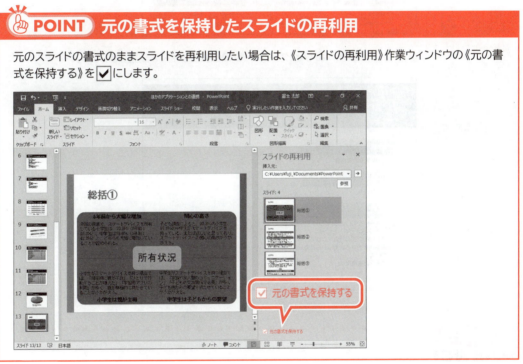

Let's Try　ためしてみよう

次のようにスライドを編集しましょう。
①挿入したスライド13からスライド16をリセットしましょう。
②スライド15のSmartArtグラフィックのサイズを調整しましょう。

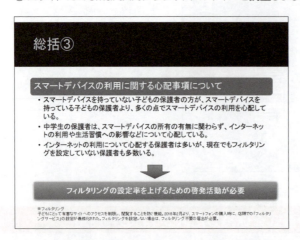

③スライド16のSmartArtグラフィックの位置とサイズを調整しましょう。

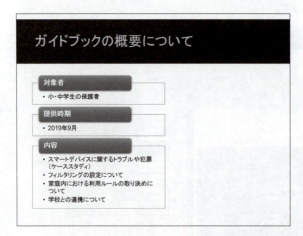

Let's Try Answer

①
①スライド13を選択
②[Shift]を押しながら、スライド16を選択
③《ホーム》タブを選択
④《スライド》グループの （リセット）をクリック

②
①スライド15を選択
②SmartArtグラフィックを選択
③SmartArtグラフィックの下中央の○（ハンドル）をドラッグしてサイズ変更

③
①スライド16を選択
②SmartArtグラフィックを選択
③SmartArtグラフィックの周囲の枠線をドラッグして移動
④SmartArtグラフィックの右下の○（ハンドル）をドラッグしてサイズ変更

Step 5 スクリーンショットを挿入する

1 作成するスライドの確認

次のようなスライドを作成しましょう。

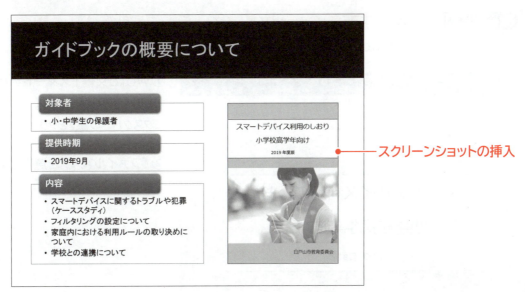

スクリーンショットの挿入

2 スクリーンショット

「**スクリーンショット**」を使うと、起動中のほかのアプリケーションのウィンドウや領域、デスクトップの画面などを画像として貼り付けることができます。
Word文書「**スマートデバイス利用のしおり**」をスクリーンショットで画像として貼り付けましょう。

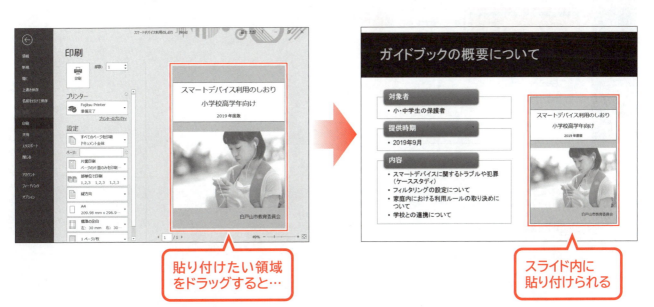

貼り付けたい領域をドラッグすると…

スライド内に貼り付けられる

1 印刷イメージの表示

スクリーンショットで画像を貼り付ける場合は、貼り付けたい部分を画面に表示しておく必要があります。
ここでは、Word文書「**スマートデバイス利用のしおり**」の印刷イメージを画面に表示してからスクリーンショットをとります。
Word文書を開いて、印刷イメージを表示しましょう。

 フォルダー「**第5章**」のWord文書「**スマートデバイス利用のしおり**」を開いておきましょう。

※このWord文書は、資料のイメージとして使用するため、表紙のみの文書になっています。

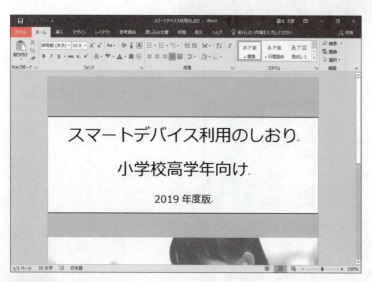

①Word文書「**スマートデバイス利用のしおり**」に切り替えます。
※タスクバーの ■ をクリックすると、ウィンドウが切り替わります。
②《**ファイル**》タブを選択します。

③《**印刷**》をクリックします。
④印刷イメージが表示され、ページ全体が表示されていることを確認します。

2 スクリーンショットの挿入

スライド16にWord文書「**スマートデバイス利用のしおり**」のスクリーンショットを挿入し、枠線を設定しましょう。

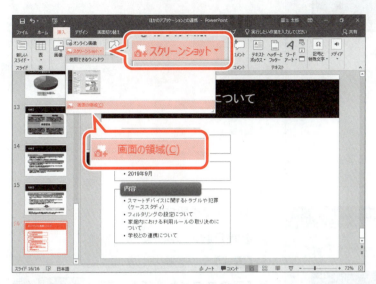

①作成中のプレゼンテーション「**ほかのアプリケーションとの連携**」に切り替えます。
※タスクバーの ■ をクリックすると、ウィンドウが切り替わります。
②スライド16を選択します。
③《**挿入**》タブを選択します。
④《**画像**》グループの スクリーンショット▼ （スクリーンショットをとる）をクリックします。
⑤《**画面の領域**》をクリックします。

Word文書「**スマートデバイス利用のしおり**」が表示されます。
画面が白く表示され、マウスポインターの形が ✛ に変わります。

⑥図のようにドラッグします。

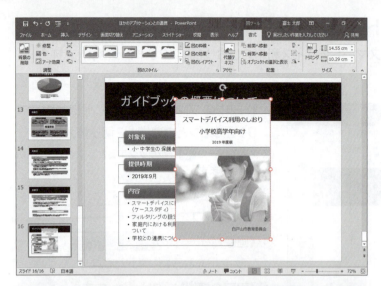

作成中のプレゼンテーションが表示され、スライド16に画像が貼り付けられます。

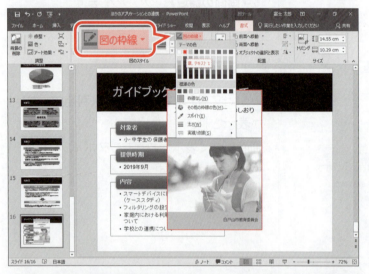

画像に枠線を設定します。

⑦画像を選択します。

⑧《書式》タブを選択します。

⑨《図のスタイル》グループの 図の枠線 （図の枠線）をクリックします。

⑩《テーマの色》の《黒、テキスト1》をクリックします。

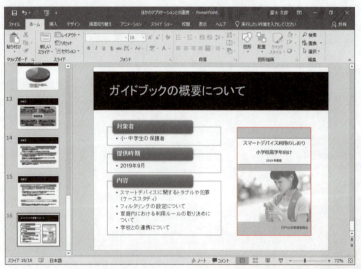

画像に枠線が設定されます。

※画像の位置とサイズを調整しておきましょう。

※プレゼンテーションに「ほかのアプリケーションとの連携完成」と名前を付けて、フォルダー「第5章」に保存し、閉じておきましょう。

※Word文書「スマートデバイス利用のしおり」を閉じておきましょう。

> **POINT** スクリーンショットの挿入（ウィンドウ全体）
>
> スクリーンショットでウィンドウ全体を画像として貼り付ける方法は、次のとおりです。
> ◆ 画像として貼り付けるウィンドウを画面上に表示→作成中のプレゼンテーションに切り替え→《挿入》タブ→《画像》グループの スクリーンショット （スクリーンショットをとる）→《使用できるウィンドウ》の一覧から選択
> ※最小化（タスクバーに格納）した状態では、スクリーンショットはとれません。スクリーンショットをとりたいウィンドウは最大化、または任意のサイズで表示しておく必要があります。

練習問題

解答 ▶ 別冊P.10

フォルダー「**第5章練習問題**」のプレゼンテーション「**第5章練習問題**」を開いておきましょう。

次のようなスライドを作成しましょう。
※設定する項目名が一覧にない場合は、任意の項目を選択してください。

● 完成図

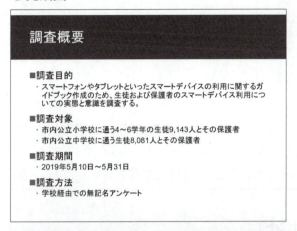

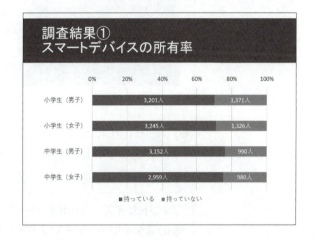

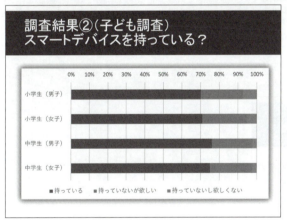

① スライド1の後ろにフォルダー「**第5章練習問題**」のWord文書「**調査概要**」を挿入しましょう。
※Word文書「調査概要」には、あらかじめ見出し1から見出し3までのスタイルが設定されています。

② スライド2からスライド4をリセットし、スライド3とスライド4のレイアウトを「**タイトルのみ**」に変更しましょう。

③ スライド3にフォルダー「**第5章練習問題**」のExcelブック「**調査結果データ②**」のシート「**調査結果①**」のグラフを、元の書式を保持したままリンクしましょう。
次に、完成図を参考に、グラフの位置とサイズを調整し、グラフ内の文字のフォントサイズを16ポイントに変更しましょう。

④ スライド3のグラフにデータラベルを表示しましょう。表示位置は「**中央**」にします。
次に、データラベルのフォントの色を「**白、背景1**」に変更しましょう。

⑤ スライド4にExcelブック「**調査結果データ②**」のシート「**調査結果②**」のグラフを、図として貼り付けましょう。
次に、貼り付けた図に、図のスタイル「**四角形、背景の影付き**」を適用し、完成図を参考に、グラフの位置とサイズを調整しましょう。

次のようにスライドを編集しましょう。
※設定する項目名が一覧にない場合は、任意の項目を選択してください。

●完成図

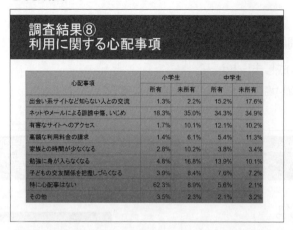

⑥ スライド10にExcelブック「**調査結果データ②**」のシート「**調査結果⑧**」の表を、貼り付け先のスタイルを使用して貼り付けましょう。
次に、完成図を参考に、表の位置とサイズを調整し、次のような書式を設定しましょう。

フォントサイズ ：16ポイント
表のスタイル　 ：テーマスタイル1 - アクセント1

次のようなスライドを作成しましょう。

●完成図

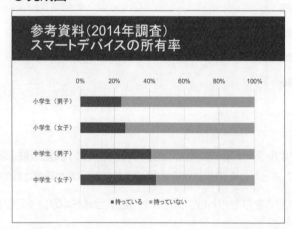

⑦ スライド3の後ろに、フォルダー「**第5章練習問題**」のプレゼンテーション「**2014年調査資料**」のスライド3を挿入しましょう。

⑧ スライド4のタイトルを次のように修正しましょう。

参考資料（2014年調査）
スマートデバイスの所有率

※プレゼンテーションに「**第5章練習問題完成**」と名前を付けて、フォルダー「**第5章練習問題**」に保存し、閉じておきましょう。

第6章

プレゼンテーションの校閲

Check	この章で学ぶこと	201
Step1	検索・置換する	202
Step2	コメントを設定する	206
Step3	プレゼンテーションを比較する	216
練習問題		228

第6章 この章で学ぶこと

学習前に習得すべきポイントを理解しておき、
学習後には確実に習得できたかどうかを振り返りましょう。

1	プレゼンテーション内の単語を検索できる。	☑☑☑ → P.202
2	プレゼンテーション内の単語を置換できる。	☑☑☑ → P.203
3	プレゼンテーション内のコメントを表示したり、非表示にしたりできる。	☑☑☑ → P.208
4	コメントに表示されるユーザー情報を変更できる。	☑☑☑ → P.209
5	スライドにコメントを挿入できる。	☑☑☑ → P.210
6	コメントを編集できる。	☑☑☑ → P.212
7	コメントに返答できる。	☑☑☑ → P.213
8	コメントを削除できる。	☑☑☑ → P.214
9	プレゼンテーションを比較できる。	☑☑☑ → P.216
10	プレゼンテーションを比較後、変更内容を反映できる。	☑☑☑ → P.222
11	校閲作業を終了して、反映結果を確定できる。	☑☑☑ → P.227

Step 1 検索・置換する

1 検索

「検索」を使うと、プレゼンテーション内のスライドやノートなどの単語を検索できます。特にスライドの枚数が多いプレゼンテーションの場合、特定の単語をもれなく探し出すのは手間がかかります。検索を使って効率よく正確に作業を進めるとよいでしょう。
プレゼンテーション内の「**フィルタリング**」という単語を検索しましょう。

File OPEN フォルダー「第6章」のプレゼンテーション「プレゼンテーションの校閲」を開いておきましょう。

プレゼンテーションの先頭から検索します。
①スライド1を選択します。
②《**ホーム**》タブを選択します。
③《**編集**》グループの （検索）をクリックします。

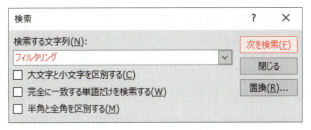

《**検索**》ダイアログボックスが表示されます。
④《**検索する文字列**》に「**フィルタリング**」と入力します。
⑤《**次を検索**》をクリックします。

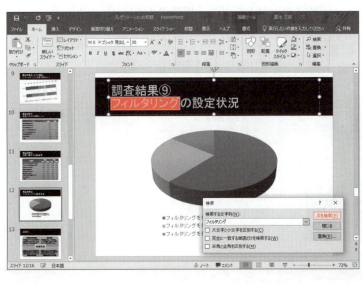

スライド12のタイトルに入力されている「**フィルタリング**」が選択されます。
※《検索》ダイアログボックスが重なって確認できない場合は、ダイアログボックスを移動しておきましょう。
⑥《**次を検索**》をクリックします。

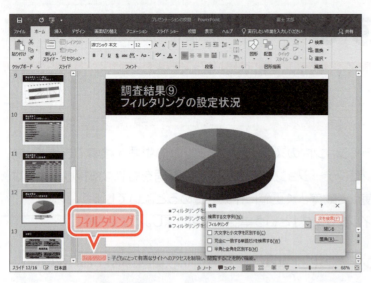

スライド12のノートに入力されている**「フィルタリング」**が選択されます。

⑦同様に、《**次を検索**》をクリックし、プレゼンテーション内の**「フィルタリング」**の単語をすべて検索します。

※10件検索されます。

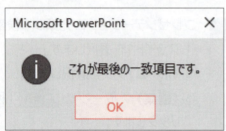

図のようなメッセージが表示されます。

⑧《**OK**》をクリックします。

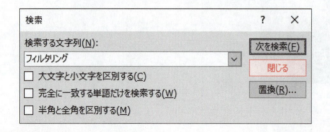

《**検索**》ダイアログボックスを閉じます。

⑨《**閉じる**》をクリックします。

> **STEP UP** その他の方法（検索）
> ◆ Ctrl + F

2 置換

「**置換**」を使うと、プレゼンテーション内のスライドやノートなどの単語を別の単語に置き換えることができます。一度にすべての単語を置き換えたり、ひとつずつ確認しながら置き換えたりできます。また、設定されているフォントを別のフォントに置き換えることもできます。

プレゼンテーション内の**「親」**という単語を、ひとつずつ**「保護者」**に置換しましょう。

プレゼンテーションの先頭から置換します。

①スライド1を選択します。

②《**ホーム**》タブを選択します。

③《**編集**》グループの 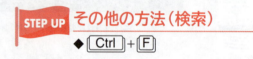（置換）をクリックします。

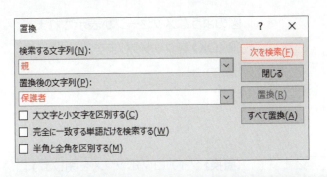

《置換》ダイアログボックスが表示されます。
④《検索する文字列》に「親」と入力します。
※前回検索した文字が表示されます。
⑤《置換後の文字列》に「保護者」と入力します。
⑥《次を検索》をクリックします。

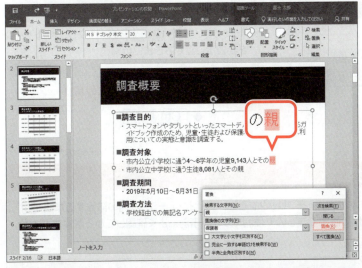

スライド2に入力されている「親」が選択されます。
※《置換》ダイアログボックスが重なって確認できない場合は、ダイアログボックスを移動しておきましょう。
⑦《置換》をクリックします。

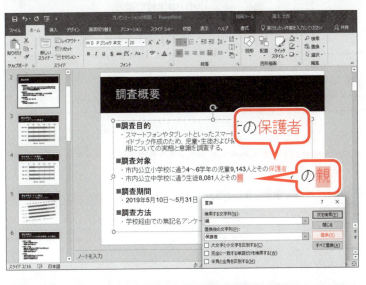

「保護者」に置換され、次の検索結果が表示されます。
※次の検索結果が表示されていない場合は、《次を検索》をクリックします。
⑧《置換》をクリックします。

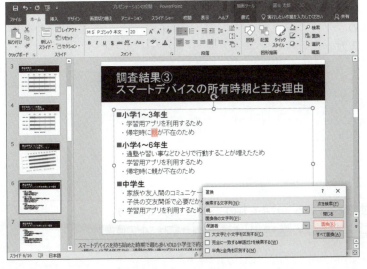

⑨同様に、プレゼンテーション内の「親」を「保護者」に置換します。
※9個の文字列が置換されます。

図のようなメッセージが表示されます。
⑩《OK》をクリックします。

《置換》ダイアログボックスを閉じます。
⑪《閉じる》をクリックします。
※ステータスバーの 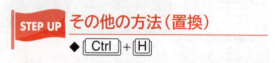 をクリックし、ノートペインを非表示にしておきましょう。

STEP UP　その他の方法（置換）

◆ Ctrl + H

POINT　すべて置換

《置換》ダイアログボックスの《すべて置換》をクリックすると、プレゼンテーション内の該当する単語がすべて置き換わります。一度の操作で置換できるので便利ですが、事前によく確認してから置換するようにしましょう。

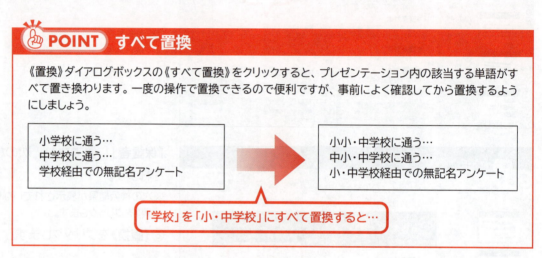

Let's Try　ためしてみよう

プレゼンテーション内の「子供」を「子ども」にすべて置換しましょう。

Let's Try Answer

① スライド1を選択
②《ホーム》タブを選択
③《編集》グループの （置換）をクリック
④《検索する文字列》に「子供」と入力
⑤《置換後の文字列》に「子ども」と入力
⑥《すべて置換》をクリック
※3個の文字列が置換されます。
⑦《OK》をクリック
⑧《閉じる》をクリック

STEP UP　フォントの置換

プレゼンテーションで使用されているフォントを別のフォントに置換できます。
◆《ホーム》タブ→《編集》グループの ab→c置換 ▼（置換）の ▼ →《フォントの置換》

Step 2 コメントを設定する

1 コメント

「**コメント**」とは、スライドやオブジェクトに付けることのできるメモのようなものです。
自分がスライドを作成している最中に、あとで調べようと思ったことをコメントとしてメモしたり、ほかの人が作成したプレゼンテーションについて修正してほしいことや気になったことを書き込んだりするときに使うと便利です。
書き込まれているコメントに対して意見を述べたり、再確認したいことを書き込んだりするなどコメントに返答して、意見をやり取りすることもできます。

2 コメントの確認

プレゼンテーション「**プレゼンテーションの校閲**」には、コメントが挿入されています。
コメントが挿入されているスライドには 💬 が表示されます。
スライド1のコメントの内容を確認しましょう。

①スライド1を選択します。
② 💬 をクリックします。

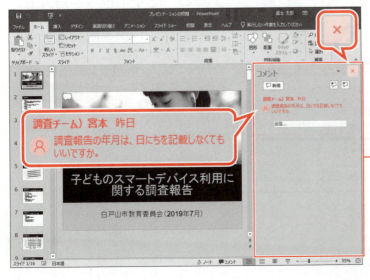

《**コメント**》作業ウィンドウが表示されます。
③コメントの内容を確認します。
④《**コメント**》作業ウィンドウの × （閉じる）をクリックします。

――《**コメント**》作業ウィンドウ

《コメント》作業ウィンドウが閉じられ、コメントの内容が非表示になります。

STEP UP その他の方法（コメントの確認）

◆スライドを選択→ステータスバーの ■コメント をクリック

POINT 《コメント》作業ウィンドウ

《コメント》作業ウィンドウの各部の名称と役割は、次のとおりです。

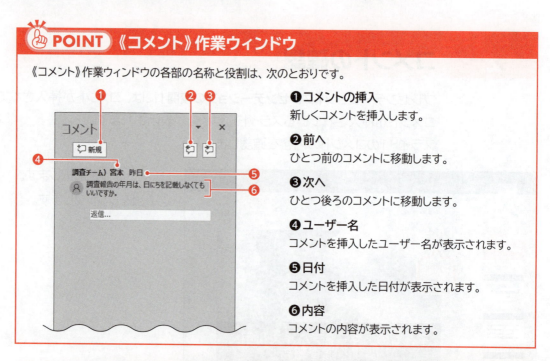

❶コメントの挿入
新しくコメントを挿入します。

❷前へ
ひとつ前のコメントに移動します。

❸次へ
ひとつ後ろのコメントに移動します。

❹ユーザー名
コメントを挿入したユーザー名が表示されます。

❺日付
コメントを挿入した日付が表示されます。

❻内容
コメントの内容が表示されます。

POINT メッセージの表示

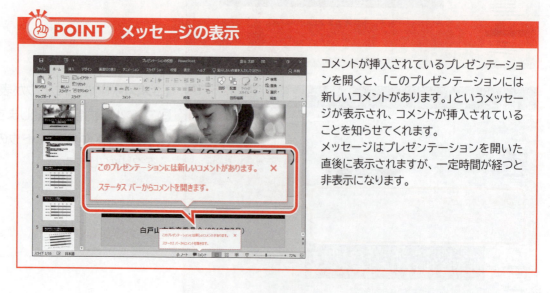

コメントが挿入されているプレゼンテーションを開くと、「このプレゼンテーションには新しいコメントがあります。」というメッセージが表示され、コメントが挿入されていることを知らせてくれます。
メッセージはプレゼンテーションを開いた直後に表示されますが、一定時間が経つと非表示になります。

3 コメントの表示・非表示

挿入されているコメントの💬を表示するかしないかを切り替えることができます。
プレゼンテーション内のコメントの💬の表示・非表示を切り替えましょう。

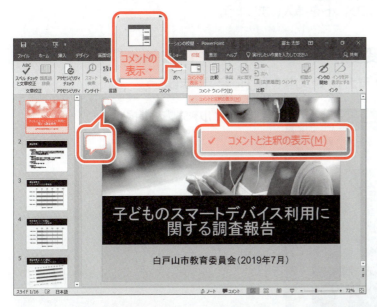

①スライド1を選択します。
②💬が表示されていることを確認します。
③《**校閲**》タブを選択します。
④《**コメント**》グループの （コメントの表示）の をクリックします。
⑤《**コメントと注釈の表示**》をクリックします。

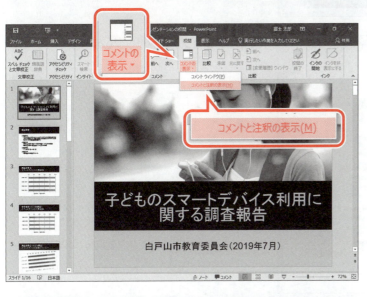

スライドに表示されていた💬が非表示になります。
再度、💬を表示します。
⑥《**コメント**》グループの （コメントの表示）の をクリックします。
⑦《**コメントと注釈の表示**》をクリックします。

💬が表示されます。

4 コメントの挿入とユーザー設定

コメントには、ユーザー名が記録されます。ユーザー名は必要に応じて変更できます。
ユーザー名を「**調査チーム）富士**」、頭文字を「**F**」に設定し、スライド12に「**グラフにデータラベルを表示する。**」というコメントを挿入しましょう。

1 ユーザー設定の変更

ユーザー名を「**調査チーム）富士**」、頭文字を「**F**」に変更しましょう。

①《ファイル》タブを選択します。

②《オプション》をクリックします。

《PowerPointのオプション》ダイアログボックスが表示されます。

③左側の一覧から《基本設定》を選択します。

④《Microsoft Officeのユーザー設定》の《ユーザー名》を「調査チーム）富士」に変更します。

⑤《頭文字》を「F」に変更します。

⑥《Officeへのサインイン状態にかかわらず、常にこれらの設定を使用する》を ✓ にします。

⑦《OK》をクリックします。

POINT コメントのユーザー名

《Microsoft Officeのユーザー設定》の《ユーザー名》はコメントの挿入者の名前などに使われます。Officeにサインインしているときは、《PowerPointのオプション》ダイアログボックスでユーザー名を変更しても変更が反映されません。
変更したユーザー名を反映する場合は、《☑Officeへのサインイン状態にかかわらず、常にこれらの設定を使用する》にします。

2 コメントの挿入

スライド12に「**グラフにデータラベルを表示する。**」というコメントを挿入しましょう。

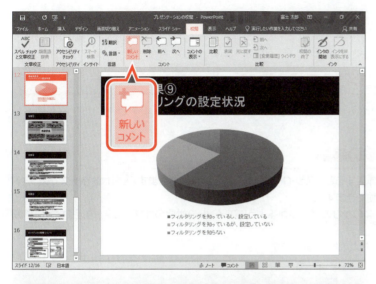

① スライド12を選択します。
② 《**校閲**》タブを選択します。
③ 《**コメント**》グループの 📝 (コメントの挿入) をクリックします。

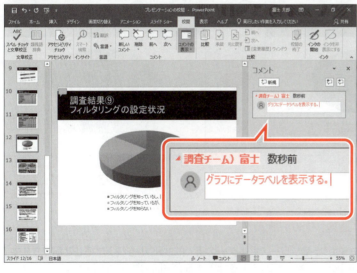

《**コメント**》作業ウィンドウが表示されます。
④ コメントを入力する枠に「**調査チーム）富士**」と表示されていることを確認します。
⑤ 「**グラフにデータラベルを表示する。**」と入力します。

コメントを確定します。
⑥ 《**コメント**》作業ウィンドウ以外の場所をクリックします。

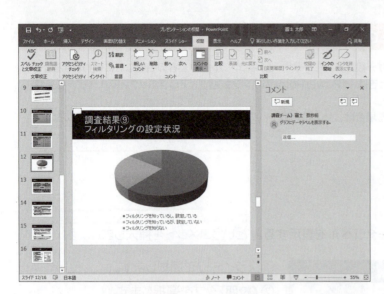

コメントが確定されます。

※《コメント》作業ウィンドウを閉じておきましょう。

STEP UP その他の方法（コメントの挿入）

◆《挿入》タブ→《コメント》グループの ▣（コメントの挿入）

STEP UP コメントのマークの移動

スライドにコメントを挿入すると、スライドの左上に 💬 が挿入されます。💬 はドラッグでスライド内の自由な位置に移動できます。
何に対してのコメントなのかひと目でわかるようにコメントの対象のオブジェクトの近くなどに移動するとよいでしょう。
コメントを移動する方法は、次のとおりです。

◆ 💬 をドラッグ

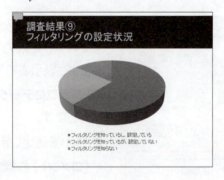
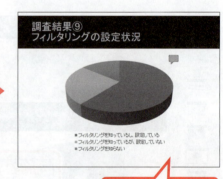

グラフの近くに移動

STEP UP オブジェクトへのコメントの挿入

最初から対象となるオブジェクトやプレースホルダーの近くにコメントを挿入することができます。
オブジェクトやプレースホルダーに対してコメントを挿入する方法は、次のとおりです。

◆オブジェクトまたはプレースホルダーを選択→《校閲》タブ→《コメント》グループの ▣（コメントの挿入）

5 コメントの編集

コメントは、あとから内容を編集できます。
スライド12に挿入したコメントの内容を「円グラフにデータラベルを表示する。」に修正しましょう。

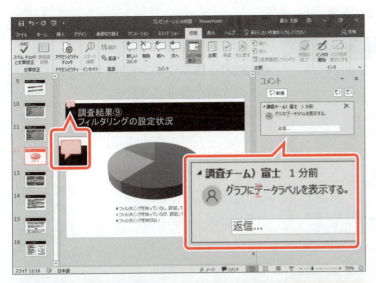

①スライド12を選択します。
②💬 をクリックします。
③《**コメント**》作業ウィンドウのコメントの内容をクリックします。

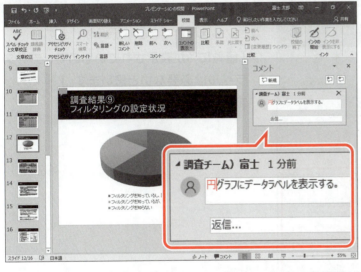

コメントが編集できる状態になります。
④コメントの先頭に「**円**」と入力します。

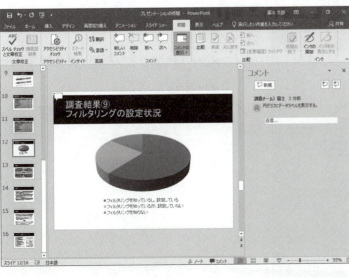

コメントを確定します。
⑤《**コメント**》作業ウィンドウ以外の場所をクリックします。
コメントが確定されます。

6 コメントへの返答

コメントに対して返答できます。コメントとそれに対する返答は、時系列で表示され、誰がいつ返答したのかひと目で確認できます。

スライド3に挿入されているコメントに対して、「値軸に％が表示されているので、データラベルは必要ないと思います。」と返答しましょう。

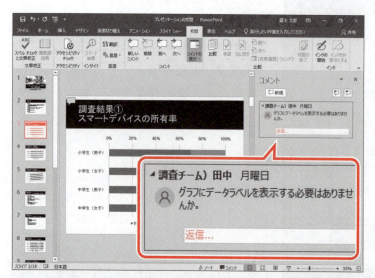

①スライド3を選択します。
《コメント》作業ウィンドウにスライド3のコメントの内容が表示されます。
②返答するコメントの《返信》をクリックします。

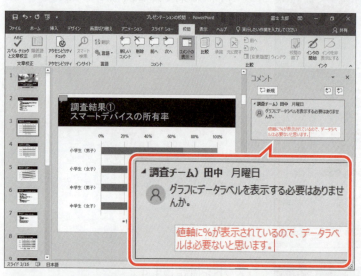

コメントが入力できる状態になります。
③「値軸に％が表示されているので、データラベルは必要ないと思います。」と入力します。

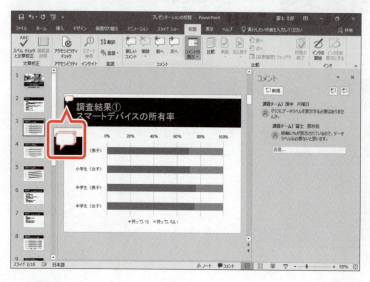

コメントを確定します。
④《コメント》作業ウィンドウ以外の場所をクリックします。
コメントが確定され、💬が💬に変わります。

第6章 プレゼンテーションの校閲

7 コメントの削除

コメントとして入力した内容が不要になった場合は削除できます。
スライド12のコメントを削除しましょう。

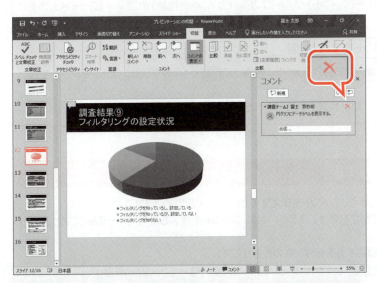

①スライド12を選択します。
②コメントの内容をポイントします。
③ ✕ をクリックします。

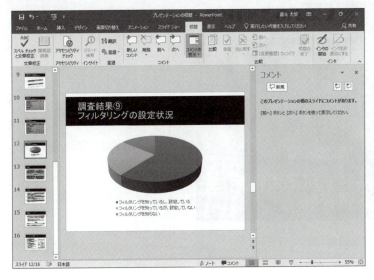

コメントが削除されます。
※《コメント》作業ウィンドウを閉じておきましょう。
※《Microsoft Officeのユーザー設定》を元のユーザー名に戻しておきましょう。
※プレゼンテーションに「プレゼンテーションの校閲完成」と名前を付けて、フォルダー「第6章」に保存し、閉じておきましょう。

STEP UP その他の方法（コメントの削除）

◆削除するコメントの 💬 をクリック→《校閲》タブ→《コメント》グループの 🗙 《コメントの削除》
◆削除するコメントの 💬 を右クリック→《コメントの削除》

POINT コメントの一括削除

スライド内やプレゼンテーション内の複数のコメントを一度に削除できます。

選択しているスライドのコメントをすべて削除

◆スライドを選択→《校閲》タブ→《コメント》グループの ■ (コメントの削除)の ■ →《スライド上のすべてのコメントを削除》

プレゼンテーション内のコメントをすべて削除

◆《校閲》タブ→《コメント》グループの ■ (コメントの削除)の ■ →《このプレゼンテーションからすべてのコメントを削除》

※プレゼンテーション内のどのスライドが選択されていてもかまいません。

POINT コメントの印刷

プレゼンテーションを印刷するときに、コメントを印刷するかどうかを設定できます。
コメントは、スライドとは別に印刷されます。スライドには、コメントを挿入したユーザーの頭文字と連番が印刷されます。
コメントを印刷するかどうかを設定する方法は、次のとおりです。

◆《ファイル》タブ→《印刷》→《設定》の《フルページサイズのスライド》→《コメントの印刷》
※チェックマークが付いていると印刷されます。

Step 3 プレゼンテーションを比較する

1 校閲作業

プレゼンテーションを作成したあとは、何人かで校閲作業を行うとよいでしょう。「校閲」とは、誤字脱字や不適切な表現などがないかどうかを調べて、修正することです。複数の人で校閲すれば、その人数分の意見が出てきます。

「コメントで意見を書き込み、それをひとつひとつ修正していく」「実際にスライドを修正し、その結果をもとのプレゼンテーションに反映していく」など、校閲にはいろいろなやり方があります。

2 プレゼンテーションの比較

「比較」とは、校閲前のプレゼンテーションと校閲後のプレゼンテーションを比較することです。作成したプレゼンテーションを校閲してもらい、校閲後のプレゼンテーションと校閲前のプレゼンテーションを比較し、変更点を反映していきます。

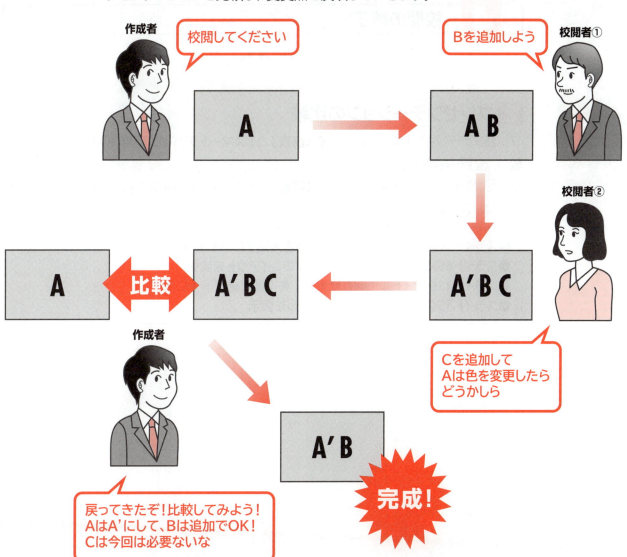

1 比較の流れ

校閲前のプレゼンテーションと校閲後のプレゼンテーションを比較する手順は、次のとおりです。

1 プレゼンテーションの表示
校閲前のプレゼンテーションを表示します。

2 プレゼンテーションの比較
校閲前と校閲後のプレゼンテーションを比較し、相違点を表示します。

3 変更内容の反映
変更内容を確認し、校閲前のプレゼンテーションに反映します。

4 校閲の終了
変更内容の反映を確定します。

2 プレゼンテーションの比較

プレゼンテーション「**スマートデバイス調査**」と「**スマートデバイス調査(小林_修正済)**」を比較し、変更内容を確認しましょう。
プレゼンテーション「**スマートデバイス調査**」と「**スマートデバイス調査(小林_修正済)**」の相違点は、次のとおりです。

- ●スライド2の箇条書きテキストに「調査方法」の項目を追加
- ●スライド6のSmartArtグラフィックのレイアウトを変更
- ●スライド11のタイトル「調査結果⑦」を「調査結果⑧」に変更
- ●スライド12の円グラフにデータラベルを表示

スライド2

●プレゼンテーション「スマートデバイス調査」

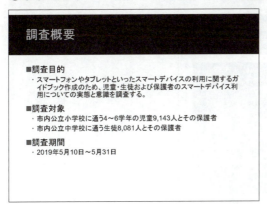

●プレゼンテーション「スマートデバイス調査（小林_修正済）」

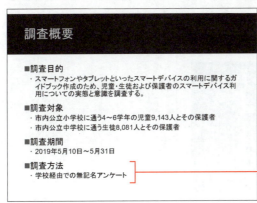

箇条書きテキストの項目の追加

スライド6

●プレゼンテーション「スマートデバイス調査」

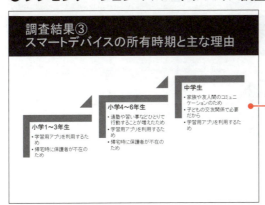

SmartArtグラフィックのレイアウトの変更

●プレゼンテーション「スマートデバイス調査（小林_修正済）」

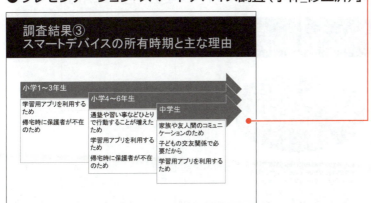

● プレゼンテーション「スマートデバイス調査」

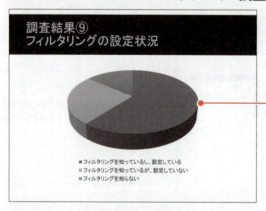

スライドのタイトルの変更

● プレゼンテーション「スマートデバイス調査（小林_修正済）」

調査結果⑧
利用に関する心配事項

心配事項	小学生 所有	小学生 未所有	中学生 所有	中学生 未所有
出会い系サイトなど知らない人との交流	1.3%	2.2%	15.2%	17.6%
ネットやメールによる誹謗中傷、いじめ	18.3%	35.0%	34.3%	34.9%
有害なサイトへのアクセス	1.7%	10.1%	12.1%	10.2%
高額な利用料金の請求	1.4%	6.1%	5.4%	11.3%
家族との時間が少なくなる	2.8%	10.2%	3.8%	3.4%
勉強に身が入らなくなる	4.8%	16.8%	13.9%	10.1%
子どもの交友関係を把握しづらくなる	3.9%	8.4%	7.6%	7.2%
特に心配事はない	62.3%	8.9%	5.6%	2.1%
その他	3.5%	2.3%	2.1%	3.2%

スライド12

● プレゼンテーション「スマートデバイス調査」

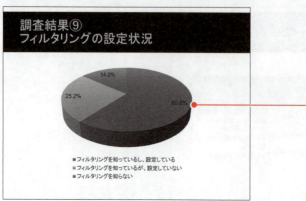

データラベルの表示

● プレゼンテーション「スマートデバイス調査（小林_修正済）」

File OPEN フォルダー「第6章」のプレゼンテーション「スマートデバイス調査」を開いておきましょう。

① 《校閲》タブを選択します。
② 《比較》グループの (比較) をクリックします。

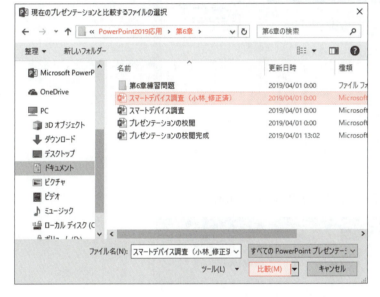

《現在のプレゼンテーションと比較するファイルの選択》ダイアログボックスが表示されます。比較するプレゼンテーションが保存されている場所を選択します。

③ 《ドキュメント》が開かれていることを確認します。

※《ドキュメント》が開かれていない場合は、《PC》→《ドキュメント》を選択します。

④ 一覧から「PowerPoint2019応用」を選択します。
⑤ 《開く》をクリックします。
⑥ 一覧から「第6章」を選択します。
⑦ 《開く》をクリックします。

比較するプレゼンテーションを選択します。

⑧ 一覧から「スマートデバイス調査(小林_修正済)」を選択します。
⑨ 《比較》をクリックします。

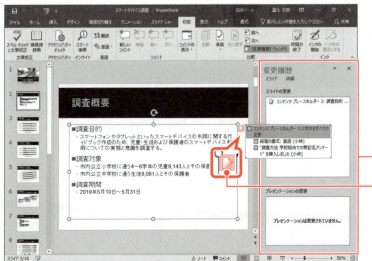

《変更履歴》ウィンドウと変更履歴マーカーが表示されます。

※お使いの環境によっては、変更内容が英語で表示される場合があります。

—《変更履歴》ウィンドウ
— 変更履歴マーカー

220

STEP UP 《変更履歴》ウィンドウの表示・非表示

《変更履歴》ウィンドウの表示・非表示を切り替える方法は、次のとおりです。
◆《校閲》タブ→《比較》グループの [変更履歴]ウィンドウ （[変更履歴]ウィンドウ）

POINT 《変更履歴》ウィンドウ

《変更履歴》ウィンドウでは、どのスライドにどのような変更が行われたのかを確認できます。
変更内容は、スライドのサムネイルで確認したり、詳細情報を確認したりできます。

●スライドの表示
変更者のユーザー名と、変更内容を反映した状態のスライドのサムネイルが表示されます。

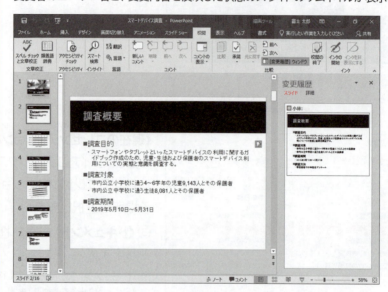

●詳細の表示
《スライドの変更》と《プレゼンテーションの変更》が表示されます。

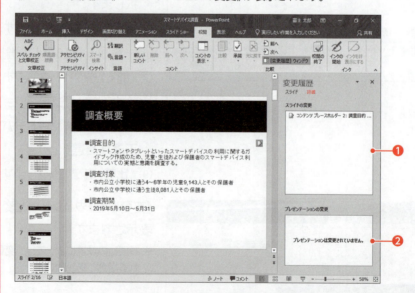

❶スライドの変更
変更があるスライドを選択すると、変更点が表示されます。

❷プレゼンテーションの変更
プレゼンテーション全体に関する変更点が表示されます。

3 変更内容の反映

変更内容を確認し、反映します。変更内容を承諾する方法には、次の3つの方法があります。

- ●変更履歴マーカーを使う
- ●《変更履歴》ウィンドウを使う
- ●《校閲》タブを使う

また、反映には、「**承諾**」と「**元に戻す**」があります。一旦承諾してもあとから元に戻したり、逆に、元に戻したものを承諾したりするなど、反映する内容を変更することもできます。

1 変更履歴マーカーを使った承諾

(変更履歴マーカー)を使って、次の変更内容を承諾しましょう。

●スライド2の箇条書きテキストに「調査方法」の項目を追加

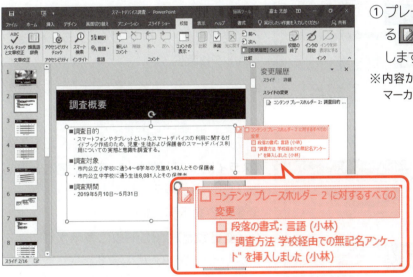

①プレースホルダーの右上に表示されている (変更履歴マーカー)の内容を確認します。

※内容が表示されていない場合は、(変更履歴マーカー)をクリックします。

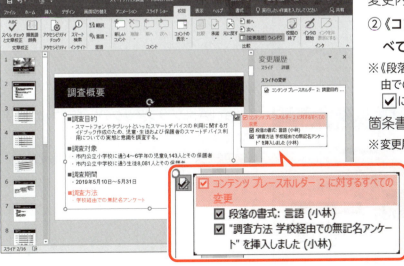

変更内容を承諾します。

②《コンテンツプレースホルダー2に対するすべての変更》を✓にします。

※《段落の書式：言語（小林）》と《"調査方法 学校経由での無記名アンケート"を挿入しました（小林）》も✓になります。

箇条書きテキストの内容が変更されます。

※変更履歴マーカーの表示が に変わります。

2 《変更履歴》ウィンドウを使った承諾

《変更履歴》ウィンドウを使って、次の変更内容を承諾しましょう。
変更前後のスライドを比較できるように、スライドのサムネイルで確認します。

●スライド6のSmartArtグラフィックのレイアウトの変更

次の変更内容を表示します。
①《校閲》タブを選択します。
②《比較》グループの 次へ （次の変更箇所）をクリックします。

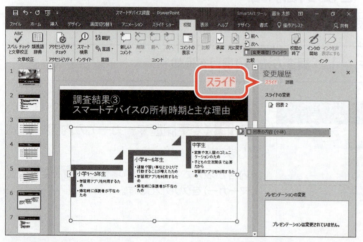

スライド6が表示され、《変更履歴》ウィンドウの内容がスライド6の変更内容に切り替わります。
《変更履歴》ウィンドウで変更内容を確認します。
③《変更履歴》ウィンドウの《スライド》をクリックします。

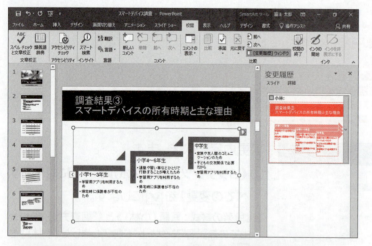

《スライド》に切り替わり、変更内容を反映したスライド6が表示されます。
変更内容を承諾します。
④《変更履歴》ウィンドウに表示されているスライド6をクリックします。

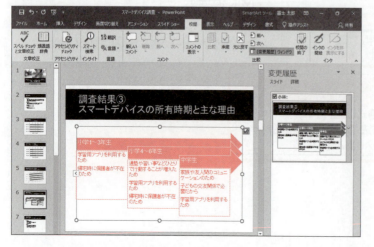

SmartArtグラフィックのレイアウトが変更されます。
※変更履歴マーカーの表示が に変わります。

3 《校閲》タブを使った承諾

《校閲》タブの (変更の承諾) を使って、次の変更内容を承諾しましょう。

●スライド11のタイトル「調査結果⑦」を「調査結果⑧」に変更
●スライド12の円グラフにデータラベルを表示

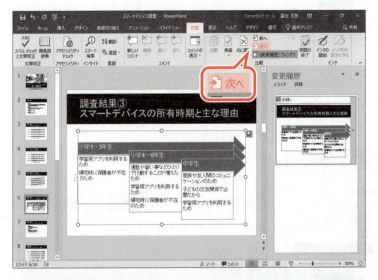

次の変更内容を表示します。
①《校閲》タブを選択します。
②《比較》グループの 次へ (次の変更箇所) をクリックします。

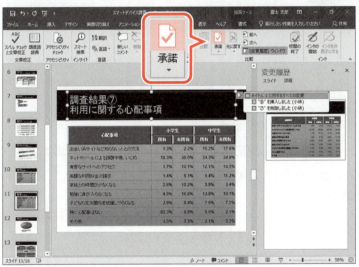

スライド11が表示されます。
変更内容を承諾します。
③《比較》グループの (変更の承諾) をクリックします。

スライド11のタイトルが変更されます。
次の変更内容を表示します。
④《比較》グループの 次へ (次の変更箇所) をクリックします。

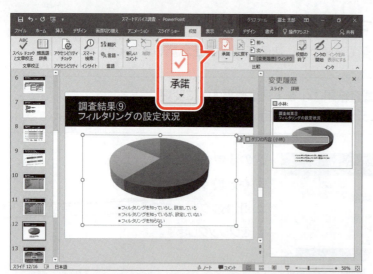

スライド12が表示されます。
変更内容を承諾します。
⑤《比較》グループの ☑ (変更の承諾) をクリックします。

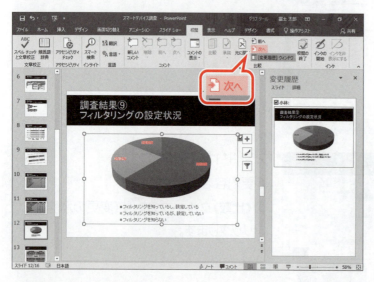

スライド12のグラフにデータラベルが表示されます。
⑥《比較》グループの 次へ (次の変更箇所) をクリックします。

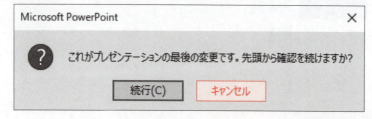

図のようなメッセージが表示されます。
⑦《キャンセル》をクリックします。

POINT すべての変更の承諾

すべての変更内容を一度に承諾することもできます。
変更内容をまとめて承諾する方法は、次のとおりです。
◆《校閲》タブ→《比較》グループの 承諾 (変更の承諾)の 承諾 →《プレゼンテーションのすべての変更を反映》

4 変更を元に戻す

一度承諾した内容でも校閲を終了するまでは、元に戻すことができます。
スライド6のSmartArtグラフィックのレイアウトの変更を元に戻しましょう。

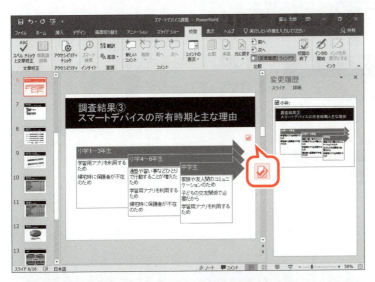

①スライド6を選択します。
②SmartArtグラフィックの右上に表示されている （変更履歴マーカー）をクリックします。

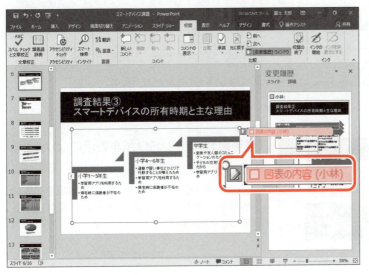

変更内容が表示されます。
③《図表の内容(小林)》を □ にします。
SmartArtグラフィックのレイアウトが元に戻ります。

STEP UP その他の方法（変更を元に戻す）

◆ （変更履歴マーカー）を選択→《校閲》タブ→《比較》グループの （変更を元に戻す）

POINT すべての変更を元に戻す

すべての変更内容を一度に元に戻すこともできます。
変更内容をまとめて元に戻す方法は、次のとおりです。
◆《校閲》タブ→《比較》グループの （変更を元に戻す）の →《プレゼンテーションのすべての変更を元に戻す》

4 校閲の終了

変更内容の反映が終了したら、校閲作業を終了して、反映結果を確定させます。校閲を終了すると、元に戻すことはできなくなります。
校閲を終了しましょう。

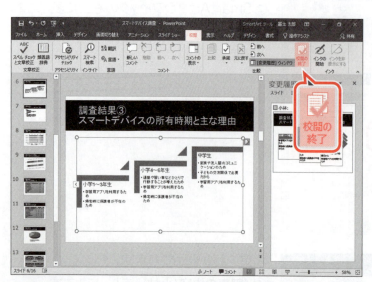

①《校閲》タブを選択します。
②《比較》グループの ▨（校閲の終了）をクリックします。

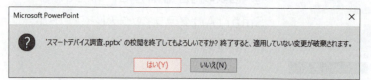

図のようなメッセージが表示されます。
③《はい》をクリックします。

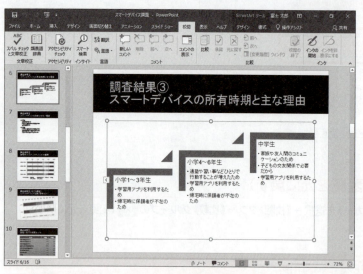

《変更履歴》ウィンドウが非表示になり、変更内容が確定されます。

※プレゼンテーションに「スマートデバイス調査完成」と名前を付けて、フォルダー「第6章」に保存し、閉じておきましょう。

練習問題

解答 ▶ 別冊P.12

File OPEN フォルダー「第6章練習問題」のプレゼンテーション「第6章練習問題」を開いておきましょう。

次のようなプレゼンテーションを作成しましょう。

●完成図

1枚目

2枚目
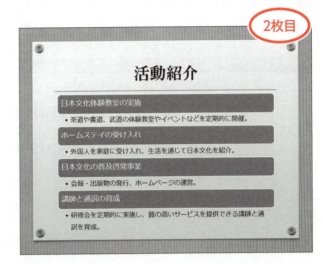

3枚目
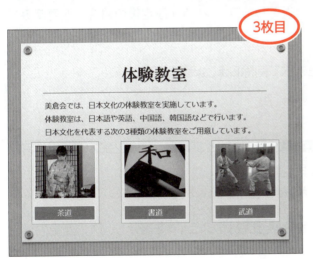

4枚目

5枚目
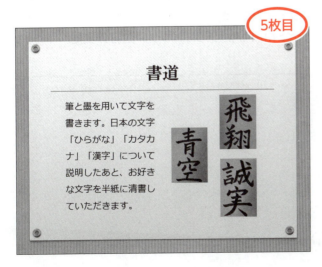

6枚目

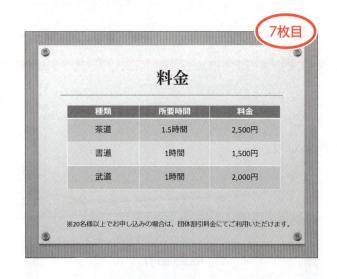
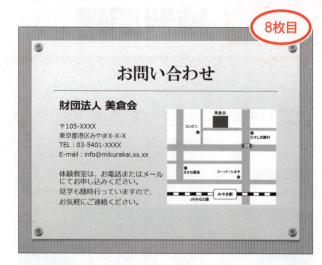

① プレゼンテーション内の「**折り紙**」という単語を検索しましょう。

② プレゼンテーション内の「**茶の湯**」という単語を、すべて「**茶道**」に置換しましょう。

③ スライド8に挿入されているコメントに対して、「**新しい料金に変更済みです。**」と返答しましょう。

④ プレゼンテーション内のコメントの💬を非表示にしましょう。

⑤ コメントの💬を再度表示し、③で返答したコメントを「**改定後の料金に変更済みです。**」に編集しましょう。

⑥ プレゼンテーション内のコメントをすべて削除しましょう。

Hint! 《校閲》タブ→《コメント》グループを使います。

⑦ 開いているプレゼンテーション「**第6章練習問題**」とプレゼンテーション「**第6章練習問題_比較**」を比較し、校閲を開始しましょう。
次に、すべての変更内容を確認しましょう。

⑧ 《変更履歴》ウィンドウに「**第6章練習問題_比較**」のスライドを表示し、次の変更内容を反映しましょう。

> スライド2の箇条書きをSmartArtグラフィックに変更
> スライド3のコンテンツプレースホルダーとSmartArtグラフィックの内容の変更
> スライド9の地図に書式を設定

⑨ スライド9の変更内容を元に戻しましょう。

⑩ スライド7を削除する変更内容を反映しましょう。

⑪ 校閲を終了しましょう。

※プレゼンテーションに「**第6章練習問題完成**」と名前を付けて、フォルダー「**第6章練習問題**」に保存し、閉じておきましょう。

第7章

便利な機能

Check	この章で学ぶこと	231
Step1	セクションを利用する	232
Step2	プレゼンテーションのプロパティを設定する	236
Step3	プレゼンテーションの問題点をチェックする	239
Step4	プレゼンテーションを保護する	246
Step5	テンプレートを操作する	250
Step6	ファイル形式を指定して保存する	254
練習問題		259

第7章 この章で学ぶこと

学習前に習得すべきポイントを理解しておき、
学習後には確実に習得できたかどうかを振り返りましょう。

1	セクションが何かを説明できる。	→P.232
2	プレゼンテーションにセクションを追加できる。	→P.233
3	セクションを移動して順番を入れ替えることができる。	→P.235
4	プレゼンテーションのプロパティを設定できる。	→P.236
5	プロパティに含まれる個人情報や隠しデータ、コメントなどを必要に応じて削除できる。	→P.239
6	アクセシビリティチェックを実行できる。	→P.242
7	画像に代替テキストを設定できる。	→P.244
8	スライド内のオブジェクトの読み取り順を確認できる。	→P.245
9	パスワードを設定してプレゼンテーションを保護できる。	→P.246
10	プレゼンテーションを最終版として保存できる。	→P.249
11	プレゼンテーションをテンプレートとして保存できる。	→P.250
12	保存したテンプレートを利用できる。	→P.252
13	プレゼンテーションをもとにWord文書で配布資料を作成できる。	→P.254
14	プレゼンテーションをPDFファイルとして保存できる。	→P.257

Step1 セクションを利用する

1 セクション

スライド枚数が多いプレゼンテーションやストーリー展開が複雑なプレゼンテーションは、内容の区切りに応じて**「セクション」**に分割すると、管理しやすくなります。
例えば、セクションを入れ替えてプレゼンテーションの構成を変更したり、セクション単位でデザインを変更したり、印刷したりできます。
初期の設定では、プレゼンテーションはひとつのセクションから構成されていますが、セクションを追加すると、複数のセクションに分割されます。

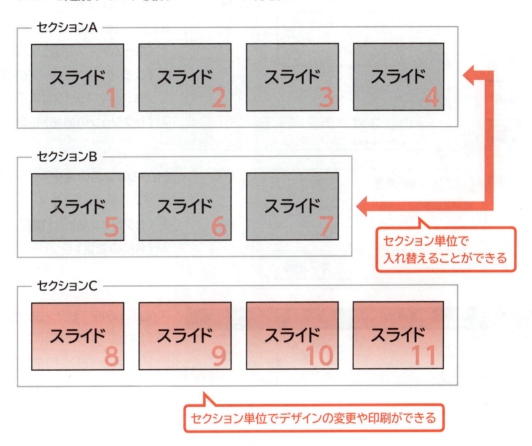

2 セクションの追加

プレゼンテーションに次のようにセクションを追加し、セクション名を設定しましょう。

```
スライド1～3  ：概要           スライド10～11 ：設備・仕様
スライド4～7  ：コンセプト     スライド12     ：問い合わせ先
スライド8～9  ：四季の花々
```

 フォルダー「第7章」のプレゼンテーション「便利な機能-1」を開いておきましょう。

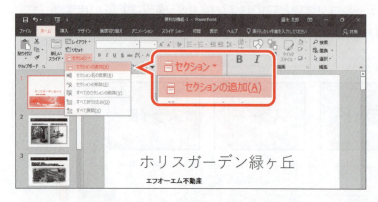

1つ目のセクション名を設定します。
①スライド1を選択します。
※セクションの先頭のスライドを選択します。
②《ホーム》タブを選択します。
③《スライド》グループの （セクション）をクリックします。
④《セクションの追加》をクリックします。

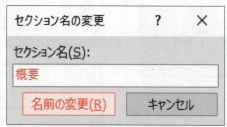

《セクション名の変更》ダイアログボックスが表示されます。
⑤《セクション名》に「概要」と入力します。
⑥《名前の変更》をクリックします。

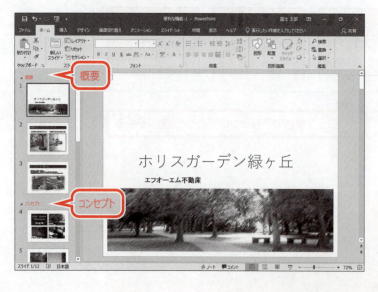

スライド1の前にセクション名が追加されます。
⑦同様に、スライド4、スライド8、スライド10、スライド12の前にセクションを追加し、セクション名を設定します。

 **STEP UP その他の方法（セクションの追加）**

◆サムネイルペインのスライドを右クリック
→《セクションの追加》

POINT セクションの削除

追加したセクションを削除する方法は、次のとおりです。
◆セクション名を選択→《ホーム》タブ→《スライド》グループの （セクション）→《セクションの削除》／《すべてのセクションの削除》
※先頭のセクションだけを削除することはできません。

3 セクション名の変更

セクション名は、あとから変更できます。
セクション「**四季の花々**」の名前を「**周辺環境**」に変更しましょう。

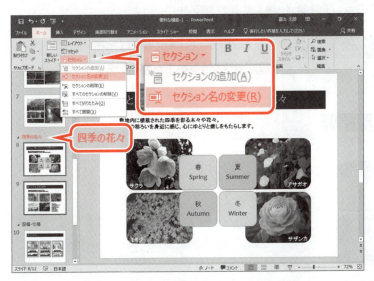

①セクション名「**四季の花々**」を選択します。
※セクション名をクリックすると、セクション名とセクションに含まれるスライドが選択されます。
②《**ホーム**》タブを選択します。
③《**スライド**》グループの ![セクション] （セクション）をクリックします。
④《**セクション名の変更**》をクリックします。

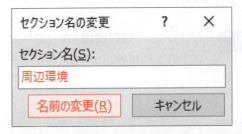

《**セクション名の変更**》ダイアログボックスが表示されます。
⑤《**セクション名**》に「**周辺環境**」と入力します。
⑥《**名前の変更**》をクリックします。

セクション名が変更されます。

234

4 セクションの移動

セクションを移動して順番を入れ替えることができます。セクションを移動すると、セクションに含まれるスライドをまとめて移動できます。

セクション「周辺環境」とセクション「設備・仕様」を入れ替えましょう。

①セクション名「周辺環境」を右クリックします。
②《セクションを下へ移動》をクリックします。

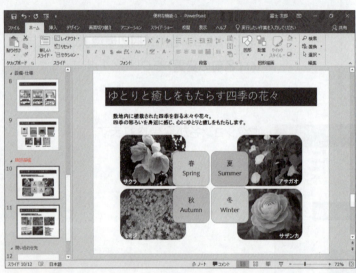

セクション「周辺環境」がセクション「設備・仕様」の下に移動します。

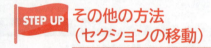

STEP UP その他の方法（セクションの移動）

◆サムネイルペインのセクション名をドラッグ

STEP UP セクションの折りたたみと展開

セクション名をダブルクリックすると、セクションに含まれるスライドを折りたたんだり、展開したりできます。セクション内に含まれるスライドの枚数が多いような場合、スライドを折りたたんだ状態でセクションを移動すると、結果が確認しやすく、効率よく操作できます。

Step2 プレゼンテーションのプロパティを設定する

1 プレゼンテーションのプロパティの設定

「**プロパティ**」とは、一般に「**属性**」と呼ばれるもので、性質や特性を表す言葉です。
プレゼンテーションのプロパティには、プレゼンテーションのファイルサイズや作成日時、最終更新日時などがあります。
プレゼンテーションにプロパティを設定しておくと、Windowsのファイル一覧でプロパティの内容を表示したり、プロパティの値をもとにファイルを検索したりできます。
プレゼンテーションのプロパティに、次の情報を設定しましょう。

```
タイトル  ：マンション紹介
作成者   ：鈴木
キーワード：ホリスガーデン緑ヶ丘
```

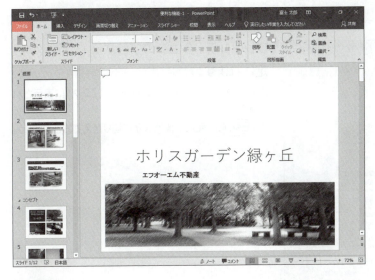

①《**ファイル**》タブを選択します。

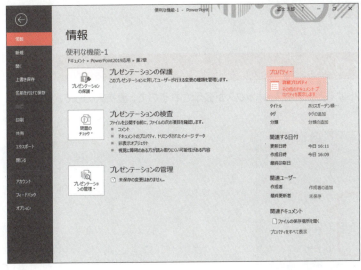

②《**情報**》をクリックします。
③《**プロパティ**》をクリックします。
④《**詳細プロパティ**》をクリックします。

《便利な機能-1のプロパティ》ダイアログボックスが表示されます。

⑤《ファイルの概要》タブを選択します。

⑥《タイトル》に「マンション紹介」と入力します。

※タイトルには、タイトルスライドに入力されている文字が表示されています。

⑦《作成者》に「鈴木」と入力します。

⑧《キーワード》に「ホリスガーデン緑ヶ丘」と入力します。

⑨《OK》をクリックします。

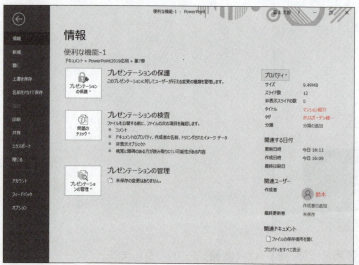

プレゼンテーションのプロパティに情報が設定されます。

※《キーワード》に入力した内容は、《タグ》に表示されます。

※ Esc を押して、標準表示に切り替えておきましょう。

> **POINT　プロパティの入力**
>
> 「タイトル」や「タグ」などはポイントすると、テキストボックスが表示されるので、直接入力して、プロパティの値を変更できます。
>
>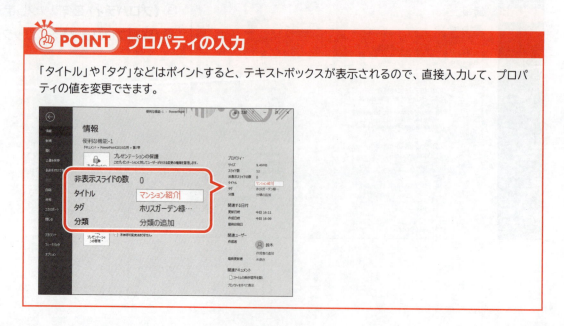

STEP UP ファイル一覧でのプロパティの表示

エクスプローラーのファイル一覧で、ファイルの表示方法が《詳細》のとき、ファイルのプロパティを確認できます。ファイル一覧に表示するプロパティの項目は、自由に設定できます。
ファイルの表示方法を変更する方法は、次のとおりです。
◆《表示》タブ→《レイアウト》グループの《詳細》
プロパティの項目を設定する方法は、次のとおりです。
◆列見出しを右クリック→《その他》→表示する項目を✓にする

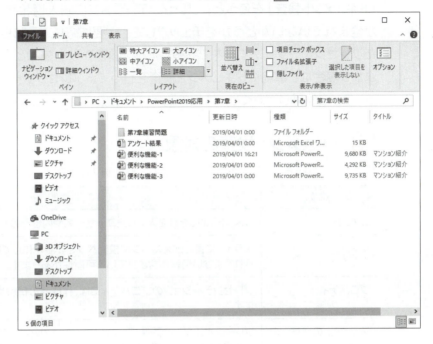

STEP UP プロパティを使ったファイルの検索

作成者やタイトルなどのプロパティを設定してファイルを保存しておくと、エクスプローラーのファイル一覧で、プロパティの情報をもとに検索できます。
プロパティをもとにファイルを検索する方法は、次のとおりです。
◆ファイル一覧の検索ボックスに検索する文字を入力

Step3 プレゼンテーションの問題点をチェックする

1 ドキュメント検査

「**ドキュメント検査**」を使うと、プレゼンテーションに個人情報や隠しデータ、コメントなどが含まれていないかどうかをチェックして、必要に応じてそれらを削除できます。作成したプレゼンテーションを社内で共有したり、顧客や取引先など社外の人に配布したりするような場合は、事前にドキュメント検査を行って、プレゼンテーションから個人情報やコメントなどを削除しておくと、情報の漏えいの防止につながります。

1 ドキュメント検査の対象

ドキュメント検査では、次のような内容をチェックできます。

対象	説明
コメント	コメントには、それを入力したユーザー名や内容そのものが含まれています。
インク	スライドに書き加えたペンや蛍光ペンを非表示にしている場合、非表示の部分に知られたくない情報が含まれている可能性があります。
プロパティ	プレゼンテーションのプロパティには、作成者の情報や作成日時などが含まれています。
スライド上の非表示の内容	プレースホルダーや画像、SmartArtグラフィックなどのオブジェクトを非表示にしている場合、非表示の部分に知られたくない情報が含まれている可能性があります。
ノート	ノートには、発表者の情報が含まれている可能性があります。

2 ドキュメント検査の実行

ドキュメント検査を行ってすべての項目を検査し、検査結果からプロパティ以外の情報を削除しましょう。

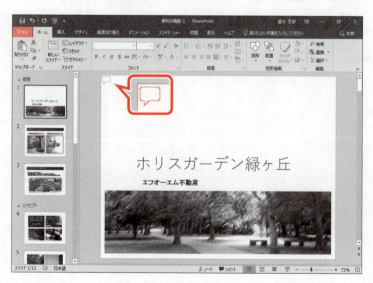

①スライド1にコメントが挿入されていることを確認します。
②《**ファイル**》タブを選択します。

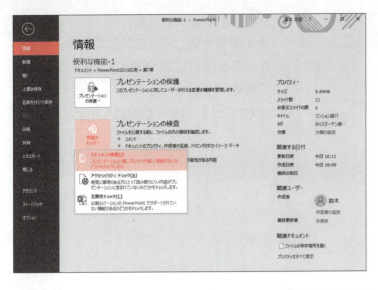

③《情報》をクリックします。
④《問題のチェック》をクリックします。
⑤《ドキュメント検査》をクリックします。

図のようなメッセージが表示されます。
※直前の操作で、プロパティの設定を行っています。その結果を保存していないため、このメッセージが表示されます。

プレゼンテーションを保存します。
⑥《はい》をクリックします。

《ドキュメントの検査》ダイアログボックスが表示されます。
⑦すべての項目を☑にします。
⑧《検査》をクリックします。

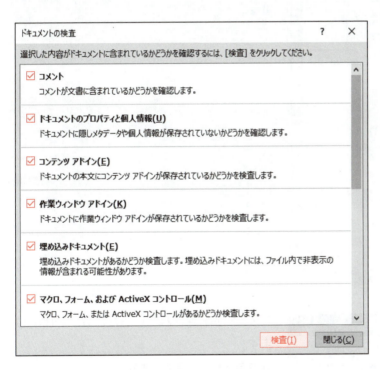

検査結果が表示されます。
個人情報や隠しデータが含まれている可能性のある項目には、《**すべて削除**》が表示されます。

⑨《**コメント**》の《**すべて削除**》をクリックします。

コメントが削除されます。
⑩《**閉じる**》をクリックします。

コメントが削除されているかどうかを確認します。

⑪スライド1を選択します。

⑫コメントが削除されていることを確認します。

※《コメント》作業ウィンドウが表示された場合は、閉じておきましょう。

2 アクセシビリティチェック

「**アクセシビリティ**」とは、すべての人が不自由なく情報を手に入れられるかどうか、使いこなせるかどうかを表す言葉です。
「**アクセシビリティチェック**」を使うと、視覚に障がいのある方などが音声読み上げソフトを利用するときに、判別しにくい情報が含まれていないかどうかをチェックできます。

1 アクセシビリティチェックの実行

プレゼンテーションのアクセシビリティをチェックしましょう。

①《**校閲**》タブを選択します。
②《**アクセシビリティ**》グループの (アクセシビリティチェック) をクリックします。

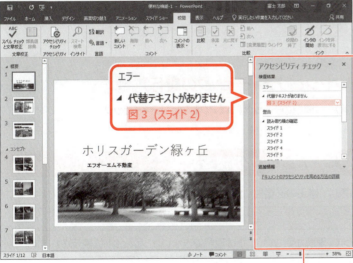

《**アクセシビリティチェック**》作業ウィンドウが表示され、《**検査結果**》が表示されます。
アクセシビリティチェックの検査結果を確認します。
③《**検査結果**》の《**エラー**》の一覧から「**図3（スライド2）**」を選択します。

　《アクセシビリティチェック》作業ウィンドウ

スライド2が表示され、エラーとなった画像が表示されます。

④《追加情報》で《修正が必要な理由》と《修正方法》を確認します。

※画像に代替テキストが設定されていないため、エラーが表示されています。

⑤《検査結果》の《警告》の一覧から「スライド1」を選択します。

⑥《追加情報》で《修正が必要な理由》と《修正方法》を確認します。

※スライド内容の読み上げ順序が明確でないため、確認するように警告として表示されています。

※ステータスバーの ノート をクリックし、ノートペインを非表示にしておきましょう。

STEP UP その他の方法（アクセシビリティチェックの実行）

◆《ファイル》タブ→《情報》→《問題のチェック》→《アクセシビリティチェック》

POINT アクセシビリティチェックの検査結果

アクセシビリティチェックの検査結果は、修正の必要性に応じて、次の3つに分類されます。

結果	説明
エラー	障がいがある方にとって、理解が難しい、または理解できないオブジェクトに表示されます。
警告	障がいがある方にとって、理解できない可能性が高いオブジェクトに表示されます。
ヒント	障がいがある方にとって、理解できるが改善した方がよいオブジェクトに表示されます。

2 代替テキストの設定

音声読み上げソフトなどでプレゼンテーションの内容を読み上げる場合、表や図形、画像などがあると、正しく読み上げられず、作成者の意図したとおりに伝わらない可能性があります。そのために、表や図形、画像などには「**代替テキスト**」を設定しておきます。代替テキストは、表や図形、画像などの代わりに読み上げられる文字のことです。代替テキストを表や図形、画像などに設定しておくと、音声読み上げソフトなどを使った場合でも理解しやすいプレゼンテーションにすることができます。

アクセシビリティチェックでエラーとなった画像に、代替テキストを設定しましょう。

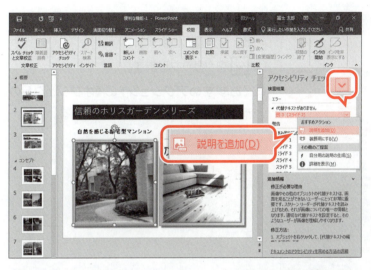

①《検査結果》の《エラー》の一覧から「図3（スライド2）」を選択します。
②▽をクリックします。
③《おすすめアクション》の《説明を追加》をクリックします。

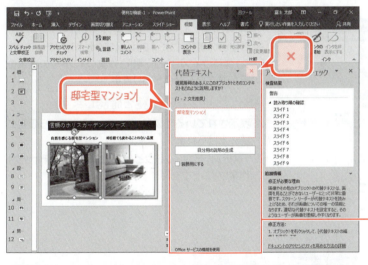

《代替テキスト》作業ウィンドウが表示されます。

※お使いの環境によっては、《アクセシビリティチェック》作業ウィンドウと《代替テキスト》作業ウィンドウの表示位置が逆になる場合があります。

④枠内をクリックし、「**邸宅型マンション**」と入力します。
⑤《代替テキスト》作業ウィンドウの ✕ （閉じる）をクリックします。

《代替テキスト》作業ウィンドウ

《アクセシビリティチェック》作業ウィンドウの《検査結果》の一覧から《エラー》がなくなります。

※プレゼンテーション内のそのほかの画像にはあらかじめ代替テキストが設定されています。

STEP UP その他の方法（代替テキストの設定）

◆画像を選択→《書式》タブ→《アクセシビリティ》グループの (代替テキストウィンドウを表示します)
◆画像を右クリック→《代替テキストの編集》

3 読み取り順の確認

PowerPointでは、スライド内にタイトルやテキストボックス、画像、表などのオブジェクトを自由にレイアウトできます。

音声読み上げソフトなどで、プレゼンテーションの内容を読み上げる場合、複雑なレイアウトにしていたり、多くのオブジェクトをレイアウトしていたりすると、作成者の意図したとおりの順番で読み上げられない可能性があります。そのため、《**アクセシビリティチェック**》作業ウィンドウには、警告として読み取り順を確認するように表示されます。

スライド1の読み取り順を確認しましょう。

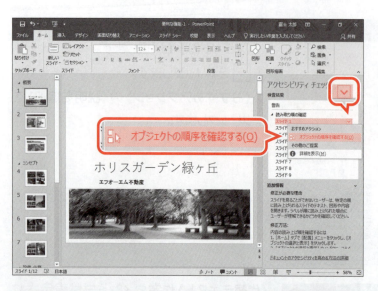

①《検査結果》の《警告》の一覧から「**スライド1**」を選択します。
② ▽ をクリックします。
③《おすすめアクション》の《**オブジェクトの順序を確認する**》をクリックします。

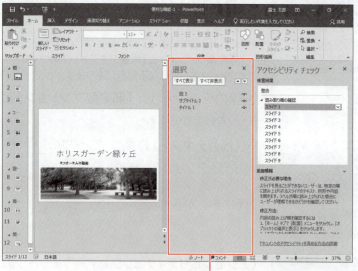

《選択》作業ウィンドウ

《選択》作業ウィンドウが表示されます。
※お使いの環境によっては、《アクセシビリティチェック》作業ウィンドウと《選択》作業ウィンドウの表示位置が逆になる場合があります。
④オブジェクトの一覧を確認します。
※表示されているオブジェクトの一覧の下から順番に読み上げられます。
※《選択》作業ウィンドウと《アクセシビリティチェック》作業ウィンドウを閉じておきましょう。

STEP UP その他の方法（読み取り順の確認）

◆《ホーム》タブ→《図形描画》グループの ▦ （配置）→《オブジェクトの選択と表示》
◆《ホーム》タブ→《編集》グループの ▸選択▾ （選択）→《オブジェクトの選択と表示》

Step 4 プレゼンテーションを保護する

1 パスワードを使用して暗号化

セキュリティを高めるために、プレゼンテーションに「**パスワード**」を設定することができます。パスワードを設定すると、プレゼンテーションを開くときにパスワードの入力が求められます。パスワードを知らないユーザーはプレゼンテーションを開くことができないため、機密性を保つことができます。

1 パスワードの設定

プレゼンテーションにパスワード「password」を設定しましょう。

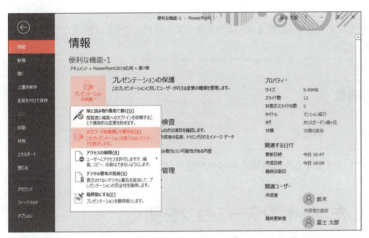

①《**ファイル**》タブを選択します。
②《**情報**》をクリックします。
③《**プレゼンテーションの保護**》をクリックします。
④《**パスワードを使用して暗号化**》をクリックします。

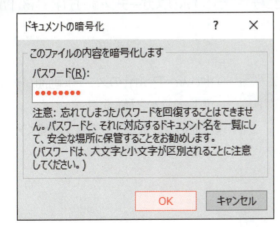

《**ドキュメントの暗号化**》ダイアログボックスが表示されます。
⑤《**パスワード**》に「password」と入力します。
※大文字と小文字が区別されます。注意して入力しましょう。
※入力したパスワードは「●」で表示されます。
⑥《**OK**》をクリックします。

《**パスワードの確認**》ダイアログボックスが表示されます。
⑦《**パスワードの再入力**》に再度「password」と入力します。
⑧《**OK**》をクリックします。

パスワードが設定されます。
※設定したパスワードは、プレゼンテーションを保存すると有効になります。
※プレゼンテーションに「ホリスガーデン緑ヶ丘（社外秘）」と名前を付けて、フォルダー「第7章」に保存し、PowerPointを終了しておきましょう。

STEP UP パスワード

設定するパスワードは推測されにくいものにしましょう。次のようなパスワードは推測されやすいので、避けた方がよいでしょう。

- 本人の誕生日
- 従業員番号や会員番号
- すべて同じ数字
- 意味のある英単語　　など

※本書では、操作をわかりやすくするため意味のある英単語をパスワードにしています。

2 パスワードを設定したプレゼンテーションを開く

パスワードを入力しなければ、プレゼンテーション「**ホリスガーデン緑ヶ丘（社外秘）**」が開けないことを確認しましょう。
※PowerPointを起動しておきましょう。

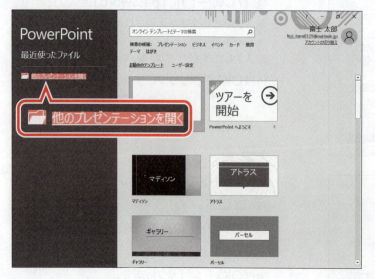

①PowerPointのスタート画面が表示されていることを確認します。
②《**他のプレゼンテーションを開く**》をクリックします。

プレゼンテーションが保存されている場所を選択します。

③《参照》をクリックします。

《ファイルを開く》ダイアログボックスが表示されます。

④《ドキュメント》が開かれていることを確認します。

※《ドキュメント》が開かれていない場合は、《PC》→《ドキュメント》を選択します。

⑤一覧から「PowerPoint2019応用」を選択します。

⑥《開く》をクリックします。

⑦一覧から「第7章」を選択します。

⑧《開く》をクリックします。

⑨一覧から「ホリスガーデン緑ヶ丘(社外秘)」を選択します。

⑩《開く》をクリックします。

《パスワード》ダイアログボックスが表示されます。

⑪《パスワード》に「password」と入力します。

※入力したパスワードは「*」で表示されます。

⑫《OK》をクリックします。

プレゼンテーションが開かれます。

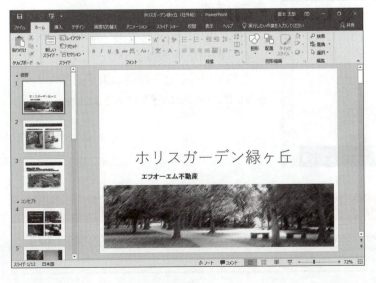

2 最終版として保存

「**最終版にする**」を使うと、プレゼンテーションが読み取り専用になり、内容を変更できなくなります。

プレゼンテーションが完成してこれ以上変更を加えない場合は、そのプレゼンテーションを最終版にしておくと、不用意に内容を書き換えたり文字を削除したりすることを防止できます。
プレゼンテーションを最終版として保存しましょう。

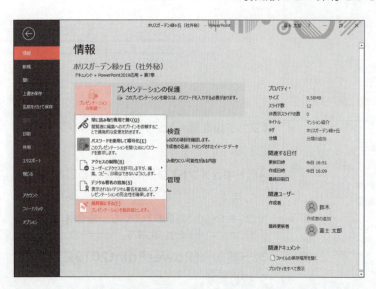

①《**ファイル**》タブを選択します。
②《**情報**》をクリックします。
③《**プレゼンテーションの保護**》をクリックします。
④《**最終版にする**》をクリックします。

図のようなメッセージが表示されます。
⑤《**OK**》をクリックします。

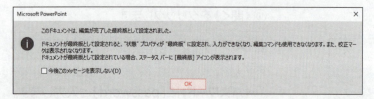

図のようなメッセージが表示されます。
⑥《**OK**》をクリックします。

プレゼンテーションが最終版として上書き保存されます。

⑦タイトルバーに《**[読み取り専用]**》と表示され、最終版を表すメッセージバーが表示されていることを確認します。

※プレゼンテーションを閉じておきましょう。

POINT 最終版のプレゼンテーションの編集

最終版として保存したプレゼンテーションを編集できる状態に戻すには、メッセージバーの《**編集する**》をクリックします。

Step5 テンプレートを操作する

1 テンプレートとして保存

「**テンプレート**」とは、プレゼンテーションのひな形のことです。プレゼンテーションにあらかじめタイトルや項目が入力され、書式やスタイルなども設定されているので、一部の文字を入力するだけで簡単にプレゼンテーションを作成できます。
作成したプレゼンテーションを今後も頻繁に使うことが考えられる場合、テンプレートとして保存しておくとよいでしょう。
プレゼンテーション「**便利な機能-2**」をテンプレートとして保存しましょう。

File OPEN フォルダー「第7章」のプレゼンテーション「便利な機能-2」を開いておきましょう。

①《**ファイル**》タブを選択します。

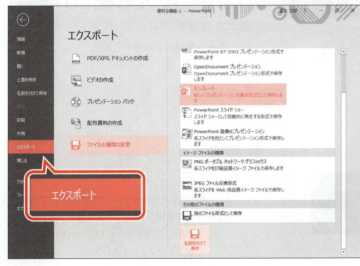

②《**エクスポート**》をクリックします。
③《**ファイルの種類の変更**》をクリックします。
④《**プレゼンテーションファイルの種類**》の《**テンプレート**》をクリックします。
⑤《**名前を付けて保存**》をクリックします。
※表示されていない場合は、スクロールして調整しましょう。

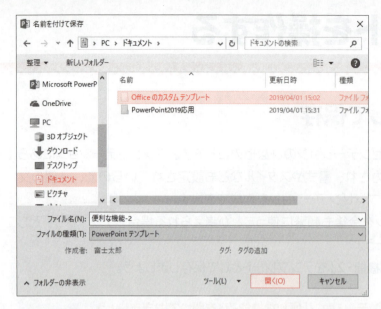

《名前を付けて保存》ダイアログボックスが表示されます。
保存先を指定します。
⑥左側の一覧から《ドキュメント》を選択します。
※《ドキュメント》が表示されていない場合は、《PC》をダブルクリックします。
⑦一覧から《Officeのカスタムテンプレート》を選択します。
⑧《開く》をクリックします。

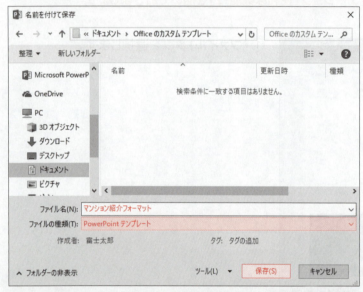

⑨《ファイル名》に「マンション紹介フォーマット」と入力します。
⑩《ファイルの種類》が《PowerPointテンプレート》になっていることを確認します。
⑪《保存》をクリックします。

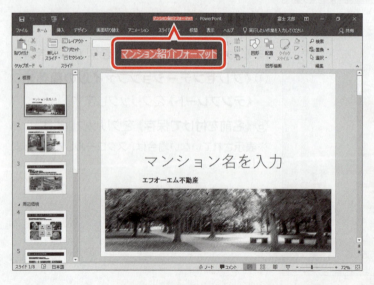

タイトルバーに「マンション紹介フォーマット」と表示されます。
※テンプレートを閉じておきましょう。

STEP UP その他の方法（テンプレートとして保存）

◆《ファイル》タブ→《名前を付けて保存》→《参照》→《ファイル名》を入力→《ファイルの種類》の▼→《PowerPointテンプレート》→《保存》

POINT テンプレートの保存先

作成したテンプレートは、任意のフォルダーに保存できますが、《ドキュメント》内の《Officeのカスタムテンプレート》に保存すると、PowerPointのスタート画面から利用できるようになります。

2 テンプレートの利用

テンプレートをもとに新しいプレゼンテーションを作成すると、テンプレートの内容がコピーされたプレゼンテーションが表示されます。作成したプレゼンテーションは、もとのテンプレートとは別のファイルになるので、内容を書き換えても、テンプレートには影響しません。
保存したテンプレート「**マンション紹介フォーマット**」をもとに新しいプレゼンテーションを作成しましょう。

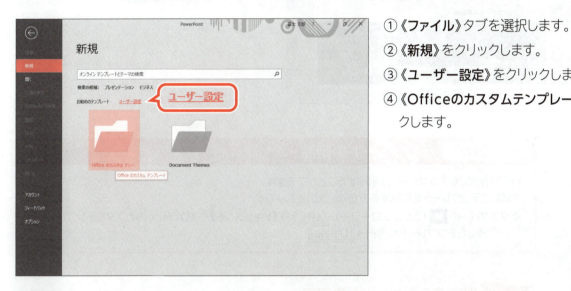

①《**ファイル**》タブを選択します。
②《**新規**》をクリックします。
③《**ユーザー設定**》をクリックします。
④《**Officeのカスタムテンプレート**》をクリックします。

⑤《**マンション紹介フォーマット**》をクリックします。

⑥《**作成**》をクリックします。

テンプレート「**マンション紹介フォーマット**」の内容がコピーされ、新しいプレゼンテーションが作成されます。

※プレゼンテーションを保存せずに閉じておきましょう。

> **POINT テンプレートの削除**
>
> 自分で作成したテンプレートは削除することができます。
> 作成したテンプレートを削除する方法は、次のとおりです。
> ◆タスクバーの ■ (エクスプローラー)→《PC》→《ドキュメント》→《Officeのカスタムテンプレート》→作成したテンプレートを選択→[Delete]

> **STEP UP 既存のテンプレートの利用**
>
> PowerPointにはあらかじめいくつかのテンプレートが用意されています。
> PowerPointのテンプレートをもとに新しいプレゼンテーションを作成する方法は、次のとおりです。
> ◆《ファイル》タブ→《新規》→《お勧めのテンプレート》→一覧から選択→《作成》
> ◆PowerPointを起動→《お勧めのテンプレート》→一覧から選択→《作成》

> **STEP UP オンラインテンプレート**
>
> インターネット上には多くのテンプレートが公開されています。
> インターネット上のホームページに公開されているテンプレートをもとに新しいプレゼンテーションを作成する方法は、次のとおりです。
> ◆《ファイル》タブ→《新規》→《オンラインテンプレートとテーマの検索》にキーワードを入力→ 🔎 (検索の開始)→一覧から選択→《作成》
> ※インターネットに接続できる環境が必要です。

Step 6 ファイル形式を指定して保存する

1 Word文書の配布資料の作成

プレゼンテーションのスライドやノートを取り込んだWord文書を作成できます。
取り込まれた内容は、Word上で編集したり印刷したりできます。

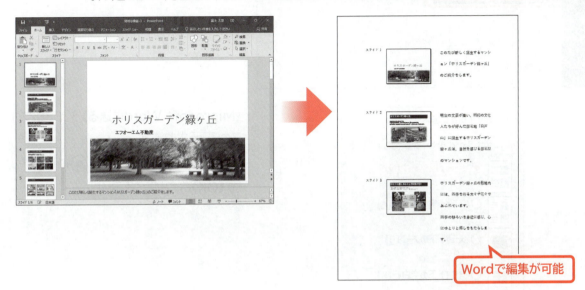

Wordで編集が可能

プレゼンテーション「**便利な機能-3**」をもとに、フォルダー「**第7章**」にWord文書「**スピーチ原稿**」を作成しましょう。スライドの横にノートが表示されるようにします。

File OPEN フォルダー「第7章」のプレゼンテーション「便利な機能-3」を開いておきましょう。

ノートの内容を確認します。
①ステータスバーの ≜ ノート （ノート）をクリックします。

ノートペインが表示されます。
②ノートの内容を確認します。
Word文書の配布資料を作成します。
③《**ファイル**》タブを選択します。

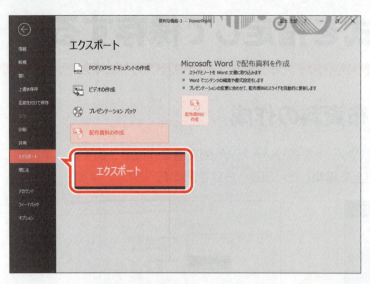

④《エクスポート》をクリックします。
⑤《配布資料の作成》をクリックします。
⑥《配布資料の作成》をクリックします。

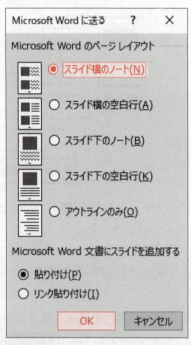

《Microsoft Wordに送る》ダイアログボックスが表示されます。
⑦《スライド横のノート》を◉にします。
⑧《OK》をクリックします。

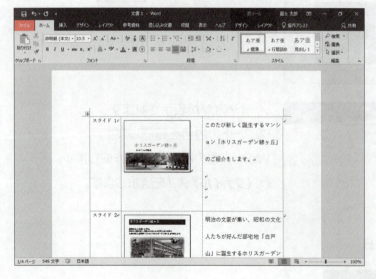

Wordが起動し、配布資料が作成されます。Wordに切り替えます。
⑨タスクバーの ■ をクリックします。
⑩Word文書を確認します。
Word文書を保存します。
⑪《ファイル》タブを選択します。

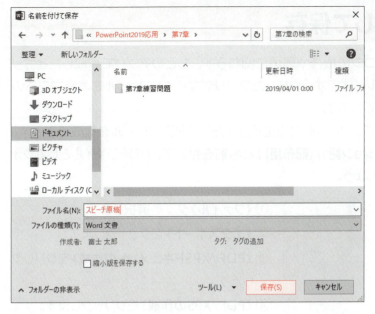

⑫《**名前を付けて保存**》をクリックします。

⑬《**参照**》をクリックします。

《**名前を付けて保存**》ダイアログボックスが表示されます。

Word文書を保存する場所を選択します。

⑭《**ドキュメント**》が開かれていることを確認します。

※《ドキュメント》が開かれていない場合は、《PC》→《ドキュメント》を選択します。

⑮一覧から「**PowerPoint2019応用**」を選択します。

⑯《**開く**》をクリックします。

⑰一覧から「**第7章**」を選択します。

⑱《**開く**》をクリックします。

⑲《**ファイル名**》に「**スピーチ原稿**」と入力します。

⑳《**保存**》をクリックします。

Word文書が保存されます。

※Word文書「スピーチ原稿」を閉じておきましょう。

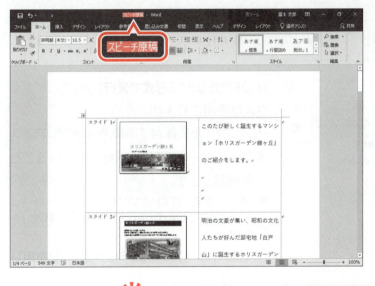

POINT 《Microsoft Wordに送る》ダイアログボックス

《Microsoft Wordに送る》ダイアログボックスでは、次のような設定ができます。

❶**Microsoft Wordのページレイアウト**
PowerPointのスライドを、Wordのページにどのように配置するかを選択します。

❷**Microsoft Word文書にスライドを追加する**
PowerPointのスライドをWordに貼り付ける形式を選択します。
《リンク貼り付け》を選択すると、PowerPointのスライドとWordのスライドがリンクされます。
PowerPoint側でスライドを編集すると、Word側にも自動的に反映されます。

2 PDFファイルとして保存

「**PDFファイル**」とは、パソコンの機種や環境に関わらず、もとのアプリで作成したとおりに正確に表示できるファイル形式です。作成したアプリがなくてもファイルを表示できるので、閲覧用によく利用されています。
PowerPointでは、保存時にファイル形式を指定するだけでPDFファイルを作成できます。
プレゼンテーションに「**マンション紹介（配布用）**」と名前を付けて、PDFファイルとしてフォルダー「**第7章**」に保存しましょう。

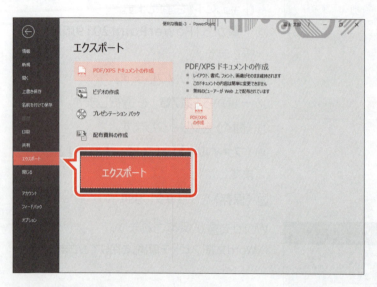

①《**ファイル**》タブを選択します。
②《**エクスポート**》をクリックします。
③《**PDF/XPSドキュメントの作成**》をクリックします。
④《**PDF/XPSの作成**》をクリックします。

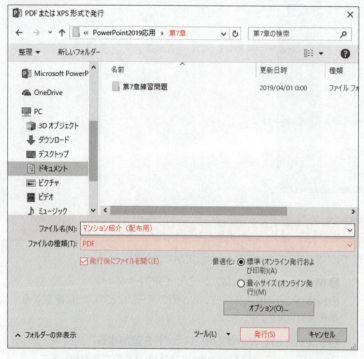

《**PDFまたはXPS形式で発行**》ダイアログボックスが表示されます。
PDFファイルを保存する場所を選択します。
⑤フォルダー「**第7章**」が開かれていることを確認します。
※「第7章」が開かれていない場合は、《PC》→《ドキュメント》→「PowerPoint2019応用」→「第7章」を選択します。
⑥《**ファイル名**》に「**マンション紹介（配布用）**」と入力します。
⑦《**ファイルの種類**》が《**PDF**》になっていることを確認します。
⑧《**発行後にファイルを開く**》を☑にします。
⑨《**発行**》をクリックします。

PDFファイルが作成されます。
《**Microsoft Edge**》が起動し、PDFファイルが開かれます。
※アプリを選択する画面が表示された場合は、《Microsoft Edge》を選択します。

PDFファイルを閉じます。

⑩ × (閉じる) をクリックします。
※プレゼンテーション「便利な機能-3」を閉じておきましょう。

STEP UP プレゼンテーションパックの作成

「プレゼンテーションパック」とは、プレゼンテーションのファイルやそのファイルにリンクされているファイルなどをまとめて保存したものです。保存先として、フォルダーやCDを選択できます。
ほかのパソコンでプレゼンテーションを行う場合や、ほかの人にプレゼンテーションを配布する場合などにプレゼンテーションパックを使うと、必要なファイルをまとめてコピーできるので便利です。
プレゼンテーションパックを作成する方法は、次のとおりです。
◆《ファイル》タブ→《エクスポート》→《プレゼンテーションパック》→《プレゼンテーションパック》

練習問題

解答 ▶ 別冊P.13

フォルダー「第7章練習問題」のプレゼンテーション「第7章練習問題」を開いておきましょう。
次のようなプレゼンテーションを作成しましょう。

●完成図

セクション「表紙」

1枚目

セクション「調査概要」

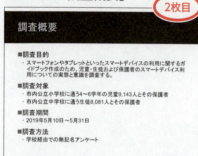
2枚目

セクション「調査結果」

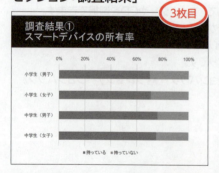
3枚目

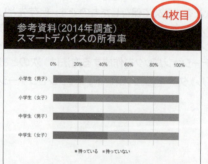
4枚目

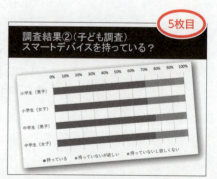
5枚目

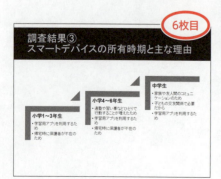
6枚目

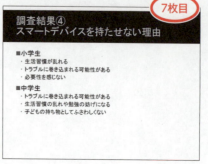
7枚目

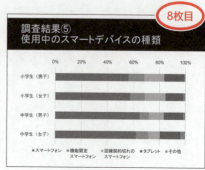
8枚目

第7章 便利な機能

調査結果⑥（子ども調査）スマートデバイスを使う目的は？　**9枚目**

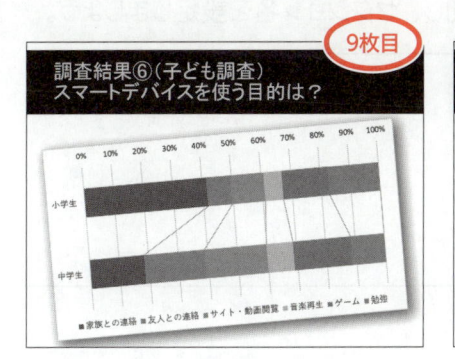

調査結果⑦　家庭における利用ルール　**10枚目**

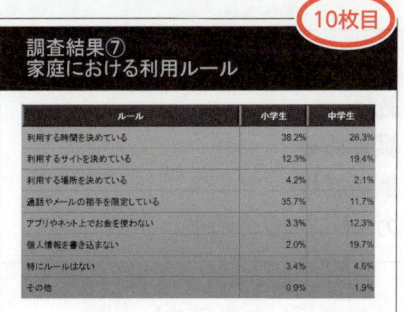

ルール	小学生	中学生
利用する時間を決めている	38.2%	28.3%
利用するサイトを決めている	12.3%	19.4%
利用する場所を決めている	4.2%	2.1%
通話やメールの相手を限定している	35.7%	11.7%
アプリやネット上でお金を使わない	3.3%	12.3%
個人情報を書き込まない	2.0%	19.7%
特にルールはない	3.4%	4.6%
その他	0.9%	1.9%

調査結果⑧　利用に関する心配事項　**11枚目**

心配事項	小学生 所有	小学生 未所有	中学生 所有	中学生 未所有
出会い系サイトなど知らない人との交流	1.3%	2.2%	15.2%	17.6%
ネットやメールによる継続中傷、いじめ	18.3%	35.0%	34.3%	34.9%
有害なサイトへのアクセス	1.7%	10.1%	12.1%	10.2%
高額な利用料金の請求	1.4%	6.1%	5.4%	11.3%
家族との時間が少なくなる	2.8%	10.2%	3.8%	3.4%
勉強に身が入らなくなる	4.8%	16.8%	13.9%	10.1%
子どもの交友関係を把握しづらくなる	3.9%	8.4%	7.6%	7.2%
特に心配はない	62.3%	8.9%	5.8%	2.1%
その他	3.5%	2.3%	2.1%	3.2%

調査結果⑨　フィルタリングの設定状況　**12枚目**

セクション「総括」

総括①　**13枚目**
総括②　**14枚目**
総括③　**15枚目**

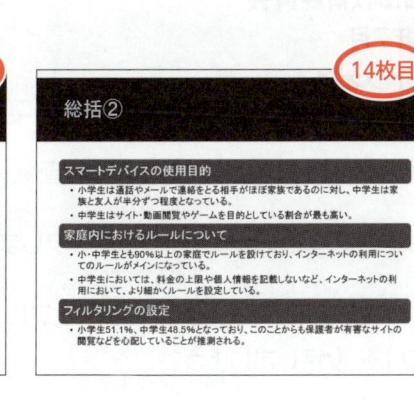
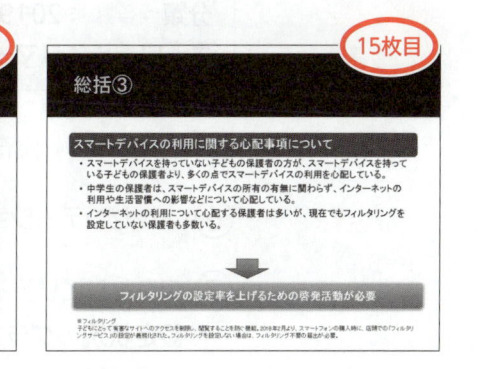

セクション「ガイドブックの概要」

ガイドブックの概要について　**16枚目**

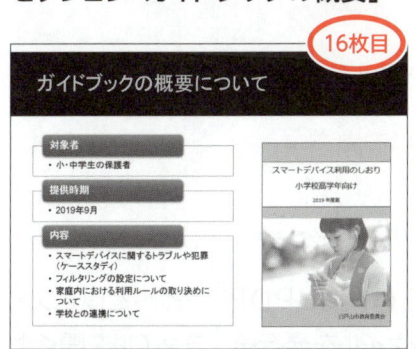

① プレゼンテーションに次のようにセクションを追加し、セクション名を設定しましょう。

```
スライド1      ：表紙
スライド2～4   ：総括
スライド5      ：調査概要
スライド6～15  ：調査結果
スライド16     ：ガイドブックの概要
```

② すべてのセクションを折りたたみましょう。

Hint! 《ホーム》タブ→《スライド》グループの (セクション)を使います。

③ セクション「総括」をセクション「調査結果」の下へ移動しましょう。移動後、すべてのセクションを展開して表示しましょう。

Hint! セクションの移動は、セクション名をドラッグすると効率的です。

④ プレゼンテーションのプロパティに、次のような情報を設定しましょう。

```
作成者    ：白戸山市教育委員会
分類      ：2019年7月
キーワード ：スマートフォン
```

⑤ ドキュメント検査ですべての項目を検査し、検査結果からコメントを削除しましょう。

⑥ プレゼンテーションのアクセシビリティをチェックしましょう。

⑦ アクセシビリティチェックでエラーとなったグラフに、代替テキスト「**フィルタリングの設定状況のグラフ**」を設定しましょう。

⑧ アクセシビリティチェックでエラーとなった画像に、代替テキスト「**ガイドブックの表紙**」を設定しましょう。

⑨ アクセシビリティチェックでエラーとなった表に、タイトル行を設定しましょう。

Hint! 《おすすめアクション》→《最初の行をヘッダーとして使用》を使います。

⑩ プレゼンテーションにパスワード「**password**」を設定しましょう。

⑪ プレゼンテーションに「**調査報告（配布用）**」と名前を付けて、PDFファイルとしてフォルダー「**第7章練習問題**」に保存しましょう。PDFファイルを発行後、ファイルを開くように設定します。

⑫ プレゼンテーションに「**調査報告フォーマット**」と名前を付けて、テンプレートとして保存しましょう。

※テンプレートを閉じておきましょう。

# 総合問題

Exercise

総合問題1	263
総合問題2	266
総合問題3	270
総合問題4	273
総合問題5	276

総合問題1

解答 ▶ 別冊P.15

 フォルダー「総合問題1」のプレゼンテーション「総合問題1」を開いておきましょう。

次のようなプレゼンテーションを作成しましょう。
※設定する項目名が一覧にない場合は、任意の項目を選択してください。

●完成図

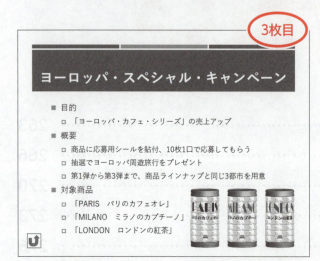

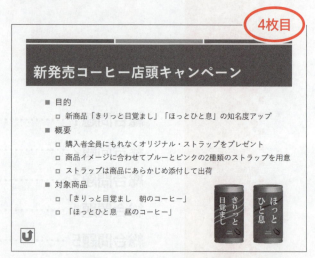

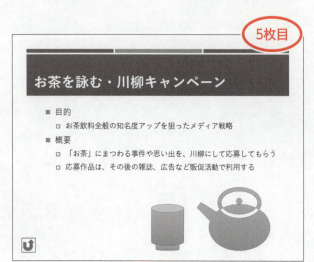

① スライド3にフォルダー「総合問題1」の画像「パリ」「ミラノ」「ロンドン」をまとめて挿入しましょう。
次に、3つの画像のサイズを高さ「5cm」、幅「2.56cm」に変更し、完成図を参考に、位置を調整しましょう。

Hint! 画像をまとめて挿入するには、《図の挿入》ダイアログボックスで複数の画像を選択して挿入します。

② スライド5に図形を組み合わせて、湯呑のイラストを作成しましょう。

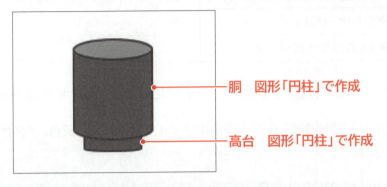

胴　図形「円柱」で作成
高台　図形「円柱」で作成

③ 湯呑の胴と高台をグループ化しましょう。

④ スライド5に図形を組み合わせて、急須のイラストを作成しましょう。

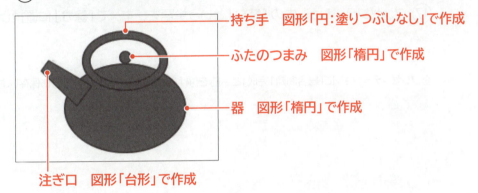

持ち手　図形「円:塗りつぶしなし」で作成
ふたのつまみ　図形「楕円」で作成
器　図形「楕円」で作成
注ぎ口　図形「台形」で作成

⑤ 急須の持ち手と器を「型抜き/合成」で結合しましょう。

⑥ 急須の持ち手と器、ふたのつまみ、注ぎ口を「接合」で結合しましょう。

⑦ 湯呑と急須のイラストに図形のスタイル「パステル - 緑、アクセント2」を適用しましょう。

⑧ スライド6にフォルダー「総合問題1」のExcelブック「実施スケジュール」の表を、貼り付け先のスタイルを使用して貼り付けましょう。
次に、完成図を参考に、挿入した表の位置とサイズを調整しましょう。

⑨ 表に、次のような書式を設定しましょう。

```
フォントサイズ　：16ポイント
表のスタイル　　：中間スタイル2 - アクセント3
```

⑩ 表の1行目を強調し、行方向に縞模様を設定しましょう。

⑪ 表の2～7行目の行の高さを均一にしましょう。

Hint! 《表ツール》の《レイアウト》タブを使います。

⑫ スライド2の箇条書きの文字に、クリックすると各スライドにジャンプするように設定しましょう。

箇条書き	リンク先
ヨーロッパ・スペシャル・キャンペーン	スライド3
新発売コーヒー店頭キャンペーン	スライド4
お茶を読む・川柳キャンペーン	スライド5

⑬ スライド3に、完成図を参考に、スライド2に戻る動作設定ボタンを作成しましょう。

⑭ スライド3の動作設定ボタンに図形のスタイル**「枠線のみ - 灰色、アクセント4」**を適用しましょう。

⑮ スライド3の動作設定ボタンをスライド4とスライド5にコピーしましょう。

⑯ スライドショーを実行し、スライド2からスライド5に設定したリンクを確認しましょう。

⑰ プレゼンテーション内の**「読む」**という単語を、すべて**「詠む」**に置換しましょう。

※プレゼンテーションに「総合問題1完成」と名前を付けて、フォルダー「総合問題1」に保存し、閉じておきましょう。

総合問題2

解答 ▶ 別冊P.18

 PowerPointを起動し、新しいプレゼンテーションを作成しておきましょう。

次のようなはがきを作成しましょう。

※設定する項目名が一覧にない場合は、任意の項目を選択してください。

●完成図

⑤

⑪

① スライドのサイズを「はがき」、スライドの向きを「縦」に設定しましょう。

② スライドのレイアウトを「白紙」に変更しましょう。

③ プレゼンテーションのテーマの配色を「赤味がかったオレンジ」に変更しましょう。

④ グリッド線とガイドを表示し、次のように設定しましょう。

```
描画オブジェクトをグリッド線に合わせる
グリッドの間隔        ：5グリッド/cm（0.2cm）
水平方向のガイドの位置 ：中心から上に1.60の位置
                       中心から下に4.40の位置
```

Hint! 2本目のガイドはコピーします。

⑤ 完成図を参考に、長方形を作成し、次のように入力しましょう。長方形の高さは水平方向のガイドに合わせます。

```
Anniversary Fair [Enter]
2019.7.8（Mon）～7.14（Sun） [Enter]
[Enter]
おかげさまで5周年。日ごろのご愛顧に感謝してアニバーサリーフェアを開催します。
```

※英数字は半角で入力します。

⑥ 長方形の枠線を「枠線なし」に設定しましょう。

⑦ 長方形の「Anniversary Fair」に、次のような書式を設定しましょう。

```
フォントサイズ：32ポイント
太字
文字の影
```

⑧ 長方形の「2019.7.8（Mon）～7.14（Sun）」に、次のような書式を設定しましょう。

```
フォントサイズ：14ポイント
太字
```

⑨ 長方形の「おかげさまで5周年。日ごろのご愛顧に感謝してアニバーサリーフェアを開催します。」に、次のような書式を設定しましょう。

```
フォントサイズ：11ポイント
左揃え
```

⑩ フォルダー「**総合問題2**」の画像「**バラ**」を挿入しましょう。
次に、画像をトリミングし、完成図を参考に、位置を調整しましょう。

⑪ 完成図を参考に、長方形を作成し、次のように入力しましょう。長方形の高さは水平方向のガイドに合わせます。

```
お菓子の家PUPURARA [Enter]
東京都港区海岸X-X-X [Enter]
TEL 03-XXXX-XXXX
```

※英数字と記号は半角で入力します。

⑫ ⑪で作成した長方形に、次のような書式を設定しましょう。

フォントサイズ	：9ポイント
右揃え	
図形のスタイル	：パステル - ゴールド、アクセント2
図形の枠線	：枠線なし

⑬ ⑪で作成した長方形の「**お菓子の家PUPURARA**」に、次のような書式を設定しましょう。

フォントサイズ	：16ポイント
ワードアートのスタイル	：塗りつぶし：白；輪郭：赤、アクセントカラー1；光彩：赤、アクセントカラー1
文字の輪郭	：濃い赤、アクセント6

Hint! ワードアートのスタイルと文字の輪郭は、《書式》タブ→《ワードアートのスタイル》グループを使います。

⑭ 図形を組み合わせて、家のイラストを作成しましょう。
※画面の表示倍率を上げると、操作しやすくなります。

煙突　図形「正方形/長方形」で作成
屋根　図形「二等辺三角形」で作成

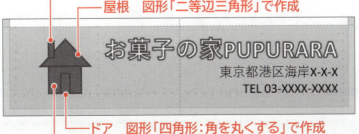

ドア　図形「四角形：角を丸くする」で作成
壁　図形「正方形/長方形」で作成

268

⑮ 屋根と煙突、壁を「**接合**」で結合しましょう。

⑯ 屋根と煙突、壁、ドアをグループ化しましょう。

⑰ 家のイラストに図形のスタイル「**枠線-淡色1、塗りつぶし-赤、アクセント3**」を適用しましょう。

⑱ 「バラ」の画像の下に横書きテキストボックスを作成し、次のように入力しましょう。

> アニバーサリーフェア期間中、店内全品20％オフ！ Enter
> さらに、2,000円以上お買い上げいただいたお客様 Enter
> 先着100名様にお好きなマカロンを3つプレゼント！

※数字は半角で入力します。

⑲ テキストボックスのフォントサイズを「**9ポイント**」に変更し、完成図を参考に、位置を調整しましょう。

⑳ フォルダー「**総合問題2**」の画像「**マカロン（ピンク）**」「**マカロン（黄）**」「**マカロン（茶）**」「**マカロン（白）**」「**マカロン（緑）**」を挿入しましょう。
次に、挿入した画像を次のように設定し、完成図を参考に、位置を調整しましょう。

> 背景を削除
> 縦横比「1：1」にトリミング
> 幅：1.3cm

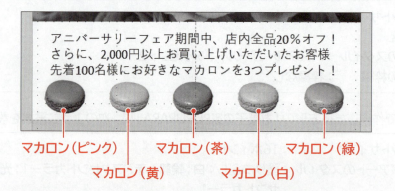

㉑ 5つのマカロンの画像を回転し、等間隔に配置しましょう。

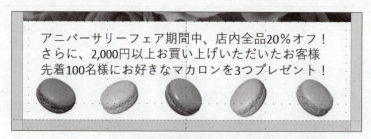

㉒ グリッド線とガイドを非表示にしましょう。

※はがきに「総合問題2完成」と名前を付けて、フォルダー「総合問題2」に保存し、閉じておきましょう。

総合問題3

解答 ▶ 別冊P.21

File OPEN フォルダー「総合問題3」のプレゼンテーション「総合問題3」を開いておきましょう。

次のようなプレゼンテーションを作成しましょう。

※設定する項目名が一覧にない場合は、任意の項目を選択してください。

●完成図

1枚目

2018年度決算報告

FOMフーズ株式会社

2枚目

2018年度 事業概況

- 厳しい市場環境の中、2年連続の営業黒字を達成
- 新シリーズ「ごはんにのっける」が予想を超える売れ行き
- 長期生鮮保存を可能にするパッキング技術の研究開発
- 海外事業拡大のための基盤づくりに着手

3枚目

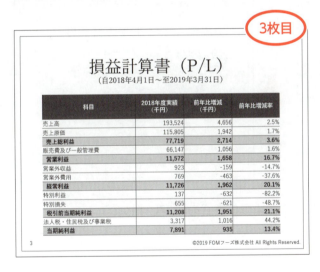

4枚目

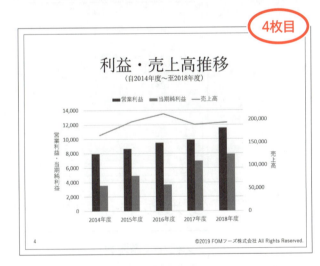

5枚目

貸借対照表（B/S）
（2019年3月31日現在）

6枚目

2019年度 事業戦略

270

① タイトルスライド以外のすべてのスライドに、スライド番号とフッター「©2019 FOM フーズ株式会社 All Rights Reserved.」を挿入しましょう。
※「©」は、「c」と入力して変換します。
※英数字は半角で入力します。

② スライドマスターを表示しましょう。

③ 共通のスライドマスターにあるスライド番号のフォントサイズを「12ポイント」に変更し、プレースホルダーのサイズと位置を調整しましょう。

④ 共通のスライドマスターにあるフッターのフォントサイズを「12ポイント」に変更し、プレースホルダーのサイズと位置を調整しましょう。

⑤ 共通のスライドマスターのタイトルに、次のような書式を設定しましょう。

フォント：游明朝
中央揃え

⑥ タイトルスライドのスライドマスターにあるタイトルとサブタイトルのプレースホルダーの位置とサイズをそれぞれ調整しましょう。

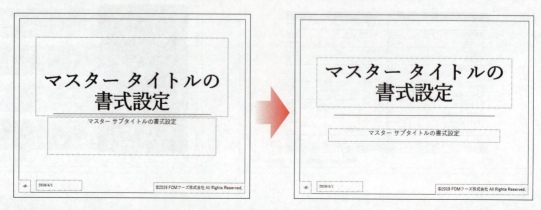

⑦ タイトルスライドのスライドマスターのタイトルとサブタイトルの間にある直線の太さを「2.25pt」に変更しましょう。

⑧ タイトルスライドのスライドマスターに横書きテキストボックスを作成し、「ff」と半角で入力しましょう。次に、テキストボックスに次のような書式を設定しましょう。

```
フォント        ：Times New Roman
フォントサイズ  ：300ポイント
フォントの色    ：ゴールド、アクセント4
太字
斜体
```

⑨ ⑧で作成したタイトルスライドのスライドマスターのテキストボックスを最背面に移動しましょう。

⑩ スライドマスターを閉じましょう。

⑪ スライド3にフォルダー「総合問題3」のExcelブック「財務諸表」のシート「損益計算書」の表を、元の書式を保持して貼り付けましょう。

⑫ 表のフォントサイズを「14ポイント」に変更しましょう。
次に、完成図を参考に、表の位置とサイズを調整しましょう。

⑬ スライド4にExcelブック「財務諸表」のシート「売上高推移」のグラフを元の書式を保持して埋め込みましょう。

⑭ グラフのフォントサイズを「14ポイント」に変更しましょう。
次に、完成図を参考に、グラフの位置とサイズを調整しましょう。

⑮ スライド5にExcelブック「財務諸表」のシート「貸借対照表」の表を埋め込みましょう。
次に、完成図を参考に、表の位置とサイズを調整しましょう。

※プレゼンテーションに「総合問題3完成」と名前を付けて、フォルダー「総合問題3」に保存し、閉じておきましょう。

総合問題4

解答 ▶ 別冊P.23

 フォルダー「総合問題4」のプレゼンテーション「総合問題4」を開いておきましょう。

次のようなプレゼンテーションを作成しましょう。

※設定する項目名が一覧にない場合は、任意の項目を選択してください。

●完成図

セクション「表紙」

1枚目

セクション「学校概要」

 2枚目

 3枚目

 4枚目

 5枚目

セクション「学科と進路」

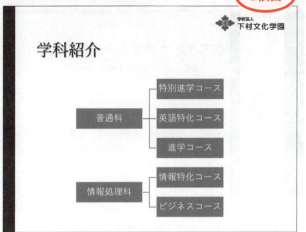

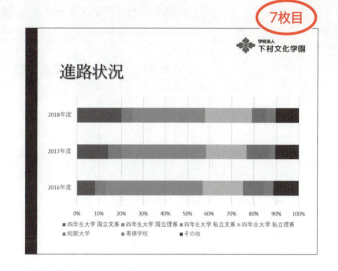

セクション「募集要項」

① スライド1の後ろに、フォルダー「**総合問題4**」のWord文書「**学校案内**」を挿入しましょう。
※Word文書「学校案内」には、あらかじめ見出し1から見出し3までのスタイルが設定されています。

② スライド2からスライド5をリセットしましょう。
次に、スライド4とスライド5のレイアウトを「**タイトルのみ**」に変更しましょう。

③ スライド3の後ろに、フォルダー「**総合問題4**」のプレゼンテーション「**学校概要**」のすべてのスライドを挿入しましょう。

④ スライドマスターを表示しましょう。

⑤ 共通のスライドマスターのタイトルに、次のような書式を設定しましょう。

| **フォント：游明朝** |
| **文字の影** |

⑥ 共通のスライドマスターにある長方形のサイズと位置を調整しましょう。

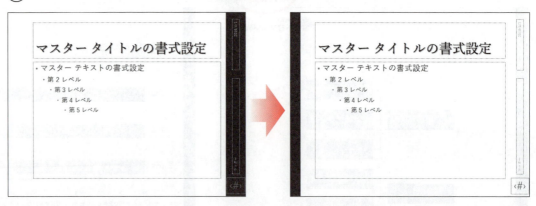

⑦ 共通のスライドマスターにフォルダー「総合問題4」の画像「学校ロゴ」を挿入しましょう。
次に、完成図を参考に、画像のサイズと位置を調整しましょう。

⑧ タイトルスライドのスライドマスターにフォルダー「総合問題4」の画像「学生」を挿入しましょう。
次に、完成図を参考に、画像をトリミングし、位置とサイズを調整しましょう。

⑨ ⑧で挿入した画像の色の彩度を「200%」に変更しましょう。

⑩ スライドマスターを閉じましょう。

⑪ 現在のデザインをテーマ「学校案内」として保存しましょう。

⑫ スライド7にフォルダー「総合問題4」のExcelブック「進路状況」のシート「構成比」のグラフを、元の書式を保持したままリンクしましょう。
次に、完成図を参考に、グラフのサイズと位置を調整しましょう。

⑬ スライド8にExcelブック「募集要項」の表を図として貼り付けましょう。
次に、完成図を参考に、表のサイズと位置を調整しましょう。

⑭ プレゼンテーションに次のようにセクションを追加し、セクション名を設定しましょう。

```
スライド1     ：表紙
スライド2～5  ：学校概要
スライド6～7  ：学科と進路
スライド8     ：募集要項
```

※プレゼンテーションに「総合問題4完成」と名前を付けて、フォルダー「総合問題4」に保存し、閉じておきましょう。

総合問題5

解答 ▶ 別冊P.25

 フォルダー「総合問題5」のプレゼンテーション「総合問題5」を開いておきましょう。

次のようなプレゼンテーションを作成しましょう。

●完成図

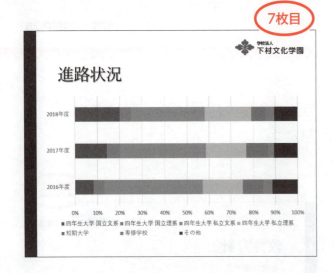
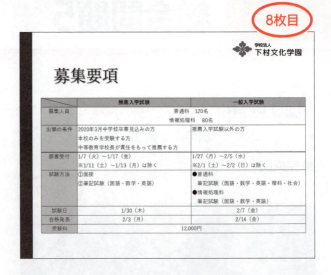

① 開いているプレゼンテーション「**総合問題5**」とプレゼンテーション「**教務チェック結果**」を比較し、校閲を開始しましょう。

② 1件目の変更内容（スライド4）を確認し、「**教務チェック結果**」の変更内容を反映しましょう。

③ 2件目の変更内容（スライド6）を確認し、変更履歴ウィンドウに「**教務チェック結果**」のスライドを表示しましょう。
次に、「**教務チェック結果**」の変更内容を反映しましょう。

④ その他に変更内容がないことを確認し、校閲を終了しましょう。

⑤ スライド8に「**最新情報を確認**」というコメントを挿入しましょう。

⑥ プレゼンテーションのプロパティに、次のような情報を設定しましょう。

> **管理者　：入試広報部**
> **会社名　：下村文化学園**

⑦ ドキュメント検査を行ってすべての項目を検査し、検査結果からコメントを削除しましょう。

⑧ プレゼンテーションに「**2020年度学校案内(配布用)**」と名前を付けて、PDFファイルとしてフォルダー「**総合問題5**」に保存しましょう。

⑨ プレゼンテーションを開く際のパスワード「**password**」を設定しましょう。

⑩ プレゼンテーションを最終版として保存しましょう。

※プレゼンテーションを閉じておきましょう。

付 録

PowerPoint 2019の新機能

Step1　ズームを使って目的のスライドにジャンプする …… 279
Step2　スライドショーを記録する………………………… 283

Step 1 ズームを使って目的のスライドにジャンプする

1 ズーム

PowerPoint 2019では、プレゼンテーション実行中に、スライドを切り替える方法として「ズーム」機能が追加されました。
ズーム機能を使うと、プレゼンテーション内のスライドのサムネイル（縮小画像）を別のスライドに追加することができます。そのサムネイルをプレゼンテーションの実行中にクリックすると、サムネイルから拡大しながらスライドが切り替わるため、聞き手の印象に残る動きのあるプレゼンテーションを作成できます。
ズームには、次の3種類があります。

種類	説明
サマリーズーム	サマリーとは「要約」のことで、プレゼンテーション内の選択したスライドのサムネイルを一覧にした目次のようなスライドを自動的に作成し、セクションへ移動するズームを設定します。 選択したスライドを先頭として、自動的にセクションが設定されます。
セクションズーム	既存のスライド上にサムネイルを追加し、セクションへ移動するズームを設定します。 事前にセクションを設定しておく必要があります。
スライドズーム	既存のスライド上にサムネイルを追加し、特定のスライドへ移動するズームを設定します。 スライドに移動後、ズームのスライドには戻りません。

例：サマリーズーム

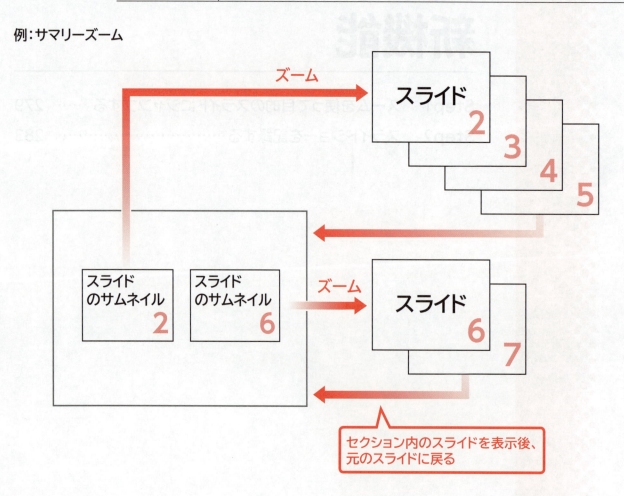

2 サマリーズームの作成

サマリーズームを使って、プレゼンテーションの先頭にスライド1、スライド5、スライド8にジャンプするスライドを作成しましょう。サマリーズームのスライドのタイトルに「**ホリスガーデン緑ヶ丘**」と入力します。

File OPEN フォルダー「付録」のプレゼンテーション「PowerPoint2019の新機能-1」を開いておきましょう。

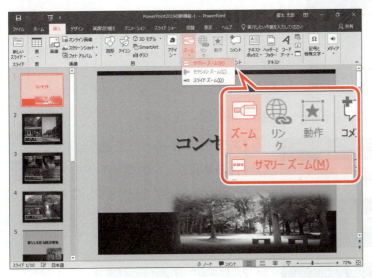

①スライド1を選択します。
※選択されているスライドの前にスライドが挿入されます。
②《**挿入**》タブを選択します。
③《**リンク**》グループの (ズーム) をクリックします。
④《**サマリーズーム**》をクリックします。

《**サマリーズームの挿入**》ダイアログボックスが表示されます。
⑤スライド1、スライド5、スライド8を☑にします。
⑥《**挿入**》をクリックします。

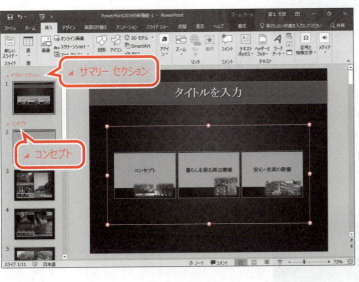

プレゼンテーションの先頭にサマリーズームのスライドが挿入されます。1枚目のスライドは「**サマリーセクション**」に設定され、選択したスライドのサムネイルが表示されます。
2枚目以降のスライドは、選択したスライドを先頭として、自動的にセクションが設定されます。
※リボンに《ズームツール》の《書式》タブが表示されます。

スライド1にタイトルを入力します。
⑦《タイトルを入力》をクリックします。
⑧「ホリスガーデン緑ヶ丘」と入力します。

3 サマリーズームの確認

スライドショーを実行して、サマリーズームの動きを確認しましょう。

①《スライドショー》タブを選択します。
②《スライドショーの開始》グループの (先頭から開始)をクリックします。

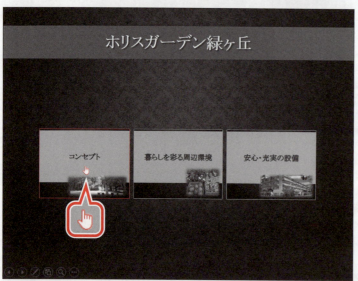

スライドショーが実行されます。
③「コンセプト」のサムネイルをポイントします。
マウスポインターの形が に変わります。
④クリックします。

「コンセプト」のスライドがズームで表示されます。
次のスライドを表示します。
⑤クリックします。
※ Enter を押してもかまいません。

セクション内のスライドが順に表示されます。

⑥同様に、「水に憩う」のスライドまで表示します。

⑦クリックします。

セクションの最後のスライドまで表示されると、サマリーズームのスライドに戻ります。

※同様に「暮らしを彩る周辺環境」「安心・充実の設備」のサマリーズームの動きを確認しておきましょう。

※確認後、[Esc]を押して、スライドショーを終了しておきましょう。

※プレゼンテーションに「PowerPoint2019の新機能-1完成」と名前を付けて、フォルダー「付録」に保存し、閉じておきましょう。

POINT 《ズームツール》の《書式》タブ

サムネイルのスライドを選択すると、リボンに《ズームツール》の《書式》タブが表示されます。リボンの《ズームツール》の《書式》タブが選択されているときだけ、サムネイルの右下に遷移先のスライド番号が表示されます。スライドショー実行中やその他のタブが選択されているときは表示されません。

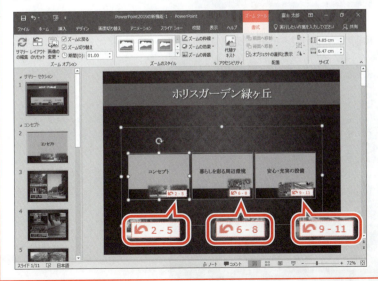

Step 2 スライドショーを記録する

1 スライドショーの記録

「**スライドショーの記録**」は、プレゼンテーションのスライドの切り替えやアニメーションのタイミング、ナレーション、ペンを使った書き込みなどを含めてプレゼンテーションを保存することができる機能です。PowerPoint 2019では、パソコン内蔵や外付けのWebカメラを使って発表者の様子も録画できるように機能が強化されました。デモンストレーションで自動再生するプレゼンテーションを作成したり、研修や会議の欠席者に、発表時と同じような臨場感のあるプレゼンテーションを見せたりすることができます。
また、操作画面も、様々なツールが配置され、大きく変わっています。
※ナレーションの録音や発表者のビデオを記録するには、パソコンにサウンドカード、マイク、Webカメラが必要です。

1 スライドショーの記録画面の表示

スライドショーの記録画面を表示しましょう。

File OPEN フォルダー「付録」のプレゼンテーション「PowerPoint2019の新機能-2」を開いておきましょう。

①スライド1を選択します。
②《**スライドショー**》タブを選択します。
③《**設定**》グループの ![] （現在のスライドから記録）をクリックします。

スライドショーの記録画面が表示されます。

2 スライドショーの記録画面の構成

スライドショーの記録画面の構成は次のとおりです。

❶ ⬤（記録を開始します）
3秒のカウントダウン後、録画を開始します。
※クリックすると⬤が⏸（記録を一時停止します）に変わります。

❷ ⬜（記録を停止します）
録画を終了します。

❸ ▶（プレビューを開始します）
記録した録画を再生します。
※クリックすると▶が⏸（プレビューを一時停止します）に変わります。

❹ ≡ ノート（スライドのノートの表示/非表示）
ノートの表示/非表示を切り替えます。

❺ ✕（既存の記録をクリアします）
記録した内容を削除します。

❻ ◀（前のスライドに戻る）
前のスライドを表示します。

❼ ▶（次のスライドを表示）
次のスライドを表示します。

❽ スライド番号/全スライド枚数
表示中のスライドのスライド番号とすべてのスライドの枚数が表示されます。

❾ 現在のスライドの経過時間/全スライドの時間
表示中のスライドの経過時間とすべてのスライドの時間が表示されます。

❿ （消しゴム）
書き込んだペンや蛍光ペンの内容を削除します。
※消しゴムを解除するには、Escを押します。

⓫ （蛍光ペン）
蛍光ペンを使って、スライドに書き込みできます。
※蛍光ペンを解除するには、Escを押します。

⓬ （ペン）
ペンを使って、スライドに書き込みできます。
※ペンを解除するには、Escを押します。

⓭ 🎤（マイクをオンにする/マイクをオフにする）
録音のオンとオフを切り替えます。
オフにするとボタンに斜線が表示されます。

⓮ 📹（カメラを有効にする/カメラを無効にする）
録画のオンとオフを切り替えます。
オフにするとボタンに斜線が表示されます。

⓯ （カメラのプレビューをオンにする/オフにする）
カメラのプレビュー画面の表示/非表示を切り替えます。オフにするとボタンに斜線が表示されます。

⓰ カメラのプレビュー
現在、録画しているカメラの内容が表示されます。
録画中は、左上に赤い●が表示されます。

3 スライドショーの記録

次のようなタイミングで、録画しながらスライドショーを記録しましょう。

- ノートを表示し、入力されているナレーションを読みながらスライドショーを実行
- スライド2:「邸宅型マンション」を蛍光ペンで強調

①マイク、カメラ、カメラのプレビューがオンになっていることを確認します。
※オフになっている場合は、ボタンに斜線が表示されます。
② ▤ ノート（スライドのノートの表示/非表示）をクリックします。

ノートが表示されます。
③ ◯ （記録を開始します）をクリックします。

3秒のカウントダウンの後、記録が開始されます。
④ナレーションを読みます。
⑤ ▶ （次のアニメーションまたはスライドに進む）をクリックします。

スライド2が表示されます。
⑥ナレーションを読みます。
⑦ ![蛍光ペン] (蛍光ペン) をクリックします。

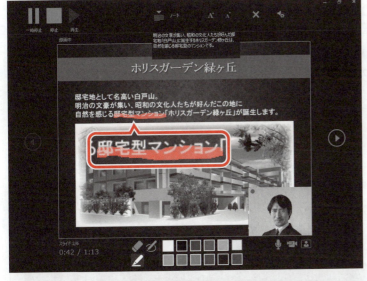

マウスポインターの形が ▌ に変わります。
⑧「**邸宅型マンション**」の文字上をドラッグします。
※ [Esc]を押して、蛍光ペンを解除しておきましょう。

⑨ ▶ (次のアニメーションまたはスライドに進む) をクリックして、最後のスライドまで進めます。

スライドショーの記録が終了し、標準表示モードに戻ります。

スライドの右下に録画されたビデオ（動画）が挿入されます。

※カメラを使用せず音声だけを記録した場合は、オーディオ（音声）が挿入されます。
※スライドショーを実行して記録されたタイミングを確認しておきましょう。
※プレゼンテーションに「PowerPoint2019の新機能-2完成」と名前を付けて、フォルダー「付録」に保存し、閉じておきましょう。

STEP UP スライドショーの記録のクリア

記録したタイミングやナレーションを削除する方法は、次のとおりです。

◆スライドショーの記録画面の ✕ （既存の記録をクリアします）
◆《スライドショー》タブ→《設定》グループの 🔲 （現在のスライドから記録）の スライドショーの記録▼ →《クリア》

POINT 《記録》タブ

PowePoint 2019では、オーディオやビデオを挿入したり、スライドショーでのナレーションやアニメーションのタイミングを記録したりするボタンが集約された《記録》タブが新しく追加されました。

《記録》タブを表示する方法は、次のとおりです。

◆《ファイル》タブ→《オプション》→左側の一覧から《リボンのユーザー設定》を選択→右側の《リボンのユーザー設定》が「メインタブ」になっていることを確認→《☑ 記録》

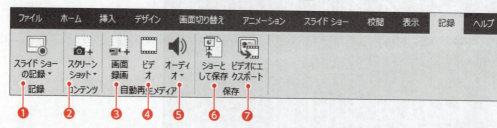

❶現在のスライドから記録
ナレーション、画面切り替えやアニメーションのタイミング、インクなどを記録します。

❷スクリーンショットをとる
デスクトップに表示された画面のスクリーンショットをとります。

❸自動再生に設定された画面録画を挿入する
パソコンを操作する画面を録画して、ビデオとして挿入します。開始のタイミングは「自動」に設定されます。

❹自動再生に設定されたビデオを挿入する
ビデオを挿入します。開始のタイミングは「自動」に設定されます。

❺自動再生に設定されたオーディオを挿入する
オーディオを挿入します。開始のタイミングは「自動」に設定されます。

❻ショーとして保存
プレゼンテーションをPowerPointスライドショー形式で保存します。ファイルをダブルクリックすると、スライドショーとして開かれます。

❼ビデオにエクスポート
プレゼンテーションをビデオ形式で保存します。

索引

Index

索引

英字

- Excelグラフの埋め込み … 177
- Excelグラフの貼り付け方法 … 176
- Excelグラフのリンク … 177,178
- Excelのデータの貼り付け … 176
- Excel表の貼り付け … 186
- Excel表の貼り付け方法 … 186
- Excel表のリンク貼り付け … 187
- Microsoft Wordに送るダイアログボックス … 256
- Officeのカスタムテンプレート … 251
- PDFファイルとして保存 … 257
- Word文書の挿入 … 170
- Word文書の配布資料の作成 … 254

あ

- アート効果 … 13
- アート効果の解除 … 14
- アウトラインからスライド … 170
- 明るさの調整（ビデオ） … 100
- アクセシビリティ … 242
- アクセシビリティチェック … 242
- アクセシビリティチェック作業ウィンドウ … 242
- アクセシビリティチェックの検査結果 … 243
- アクセシビリティチェックの実行 … 242
- 圧縮（画像） … 26
- アニメーションウィンドウ … 116

い

- 移動（オーディオのアイコン） … 111
- 移動（ガイド） … 54
- 移動（画像） … 24
- 移動（コメントのマーク） … 211
- 移動（図形） … 68
- 移動（セクション） … 235
- 移動（ビデオ） … 98
- 色の彩度 … 15
- 色の指定（スポイト） … 63
- 色のトーン … 14
- 色の変更 … 15,100
- 印刷（コメント） … 215
- 印刷イメージの表示（Word） … 195

う

- 埋め込み（Excelグラフ） … 177
- 埋め込んだグラフのデータ修正 … 182

お

- オーディオ … 109
- オーディオコントロール … 110
- オーディオのアイコンの移動 … 111
- オーディオのアイコンのサイズ変更 … 111
- オーディオのオプショングループ … 115
- オーディオの再生 … 110
- オーディオの再生のタイミング … 114
- オーディオの挿入 … 109
- オーディオのトリミング … 112
- オーディオファイルの種類 … 109
- オブジェクトの回転 … 16,18
- オブジェクトのサイズ調整 … 44
- オブジェクトの動作設定 … 152
- オブジェクトの動作設定ダイアログボックス … 153
- オブジェクトの配置 … 65
- オブジェクトへのコメントの挿入 … 211
- オブジェクトを自由な位置に配置 … 69
- 音楽の挿入 … 109
- 音声の挿入 … 109
- オンラインテンプレート … 253

か

- 解除（アート効果） … 14
- 回転（オブジェクト） … 16
- 回転（角度を指定） … 64
- 回転（画像） … 16,18
- 回転（図形） … 64
- ガイド … 52
- ガイドの移動 … 54
- ガイドのコピー … 55
- ガイドの削除 … 55
- ガイドの非表示 … 53
- ガイドの表示 … 52
- 角度を指定した図形の回転 … 64
- 重なり抽出 … 74
- 画像の圧縮 … 26
- 画像の移動 … 24
- 画像の色の彩度 … 15

画像の色のトーン	14
画像の色の変更	15
画像の回転	16,18
画像のサイズ変更	24
画像の挿入	16,138
画像のトリミング	20,35
画像の背景の削除	30,32
画像の配置	50
画像の反転	19
画像の変更	29
画像のリセット	15
型抜き/合成	74
画面切り替えの設定	117

き

既存のテンプレートの利用	253
キャプションの挿入	102
キャプションの削除	103
キャプションファイルの作成	103
共通のスライドマスター	128,130
切り出し	74
記録タブ	287

く

グラフの書式設定	183
グラフのデータ修正	182
クリア（スライドショーの記録）	287
クリッカーを使ったスライドショーの実行	108
グリッド	52
グリッド線	52
グリッド線に合わせて配置	53
グリッド線の非表示	53
グリッド線の表示	52
グリッドとガイドダイアログボックス	54
グリッドの間隔が正しく表示されない場合	54
グリッドの間隔の変更	53
グループ化	67

け

| 検索 | 202 |

こ

校閲	216
校閲の終了	227
コピー（ガイド）	55
コピー（図形）	59
コメント	206

コメント作業ウィンドウ	206,207
コメントの一括削除	215
コメントの印刷	215
コメントの確認	206
コメントの削除	214
コメントの挿入	210
コメントの非表示	208
コメントの表示	208
コメントの編集	212
コメントのマークの移動	211
コメントのユーザー名	210
コメントへの返答	213
コントラストの調整（ビデオ）	100

さ

最終版にする	249
最終版のプレゼンテーションの編集	249
サイズ変更（オーディオのアイコン）	111
サイズ変更（画像）	24
サイズ変更（スライド）	43
サイズ変更（ビデオ）	98
サイズ変更（プレースホルダー）	134
再生（オーディオ）	110
再生（ビデオ）	97,120
再生順序の変更	116
再生順序を後にする	116
再生のタイミング（オーディオ）	114
再生のタイミング（ビデオ）	107
再利用（スライド）	190
削除（ガイド）	55
削除（画像の背景）	30,32
削除（キャプション）	103
削除（コメント）	214,215
削除（図形）	131,144
削除（セクション）	233
削除（テーマ）	146
削除（テンプレート）	253
サマリーズーム	279
サマリーズームの確認	281
サマリーズームの作成	280
左右中央揃え	68
左右に整列	68,70

し

下揃え	68
字幕の挿入	102
写真の縦横比	23
承諾（変更）	222

す

ズーム ……………………………………… 279
ズームツールの書式タブ ………………… 282
スクリーンショット ……………………… 194
スクリーンショットの挿入 ……………… 196
図形に合わせてトリミング ……………… 26
図形の移動 ………………………………… 68
図形の回転 ………………………………… 64
図形のグループ化 ………………………… 67
図形の結合 ………………………………… 74
図形のコピー ……………………………… 59
図形の削除 ………………………………… 131,144
図形の作成 ………………………………… 56,72
図形の整列 ………………………………… 68
図形の塗りつぶし ………………………… 62
図形の表示順序 …………………………… 65
図形の文字の修正 ………………………… 59
図形の枠線 ………………………………… 61
図形への文字の入力 ……………………… 58
図形を組み合わせたオブジェクトの作成 … 71
図として貼り付け ………………………… 184
図の圧縮 …………………………………… 26
図のスタイル ……………………………… 27
図のスタイルのカスタマイズ …………… 27
図のスタイルの適用 ……………………… 185
図の変更 …………………………………… 29
スプレッドシート ………………………… 182
すべて置換 ………………………………… 205
すべての変更の承諾 ……………………… 225
すべての変更を元に戻す ………………… 226
スポイトを使った色の指定 ……………… 63
スマートガイド …………………………… 19
スライドショーの記録 …………………… 283,285
スライドショーの記録画面の構成 ……… 284
スライドショーの記録画面の表示 ……… 283
スライドショーの記録のクリア ………… 287
スライドショーの実行（クリッカー） … 108
スライドズーム …………………………… 279
スライドのサイズ ………………………… 43
スライドのサイズ指定 …………………… 45
スライドのサイズ変更 …………………… 43
スライドのサイズ変更時のオブジェクトのサイズ調整 … 44
スライドの再利用 ………………………… 190
スライドのリセット ……………………… 172,173
スライドのレイアウトの変更 …………… 46
スライド番号の挿入 ……………………… 148
スライド番号の編集 ……………………… 149
スライドマスター ………………………… 128
スライドマスターの種類 ………………… 128
スライドマスターの表示 ………………… 129,130
スライドマスターの編集 ………………… 130,141
スライドマスターの編集手順 …………… 129

せ

セクション ………………………………… 232
セクションズーム ………………………… 279
セクションの移動 ………………………… 235
セクションの折りたたみ ………………… 235
セクションの削除 ………………………… 233
セクションの追加 ………………………… 233
セクションの展開 ………………………… 235
セクション名の変更 ……………………… 234
接合 ………………………………………… 74
選択作業ウィンドウ ……………………… 245

そ

挿入（Word文書） ………………………… 170
挿入（オーディオ） ……………………… 109
挿入（オブジェクトへのコメント） …… 211
挿入（画像） ……………………………… 16,138
挿入（キャプション） …………………… 102
挿入（コメント） ………………………… 209,210
挿入（スクリーンショット） …………… 196,197
挿入（ビデオ） …………………………… 94,96
挿入（ヘッダーとフッター） …………… 148
属性 ………………………………………… 236

た

代替テキスト ……………………………… 244
代替テキスト作業ウィンドウ …………… 244
代替テキストの設定 ……………………… 244
タイトルスライドのスライドマスターの編集 … 141
タイトルスライドの背景の非表示 ……… 140
タイトルスライドの背景の表示 ………… 140
タイミング ………………………………… 119
縦書きテキストボックスの作成 ………… 79
縦横比（写真） …………………………… 23
縦横比を指定してトリミング …………… 21,22
単純型抜き ………………………………… 74

ち

置換 ………………………………………… 203
置換（フォント） ………………………… 205
著作権（動画） …………………………… 96

つ

項目	ページ
追加（セクション）	233

て

項目	ページ
テーマとして保存	145
テーマの確認	47
テーマの構成	49
テーマの削除	146
テーマの適用	47
テーマの適用（ユーザー定義）	146
テーマのデザインのコピー	140
テーマの配色の変更	47
テーマのフォントの確認	173
テーマのフォントの変更	47
テキストボックス	77
テキストボックスの書式設定	81
テキストボックスの塗りつぶし	83
テンプレート	250
テンプレートとして保存	250
テンプレートの削除	253
テンプレートの保存先	251
テンプレートの利用	252,253

と

項目	ページ
動画の挿入	94,96
動画の著作権	96
動作設定ボタン	155
動作設定ボタンの作成	155
動作設定ボタンの編集	157
ドキュメント検査	239
ドキュメント検査の実行	239
ドキュメント検査の対象	239
トリミング（オーディオ）	112
トリミング（画像）	20,21,22,26,35
トリミング（ビデオ）	104

な

項目	ページ
ナレーション	119
ナレーションの録音	113

の

項目	ページ
ノートマスター	147

は

項目	ページ
背景の削除	30,32
背景の削除タブ	34
背景の非表示	140
背景の表示	140
配置の調整（図形）	68
配布資料の作成（Word文書）	254
配布資料マスター	147
パスワード	246,247
パスワードの設定	246
パスワードを使用して暗号化	246
パスワードを設定したプレゼンテーションを開く	247
貼り付け（Excelグラフ）	176
貼り付け（Excelのデータ）	176
貼り付け（Excel表）	186
貼り付け（図）	184
反転（画像）	19

ひ

項目	ページ
比較	216
比較の流れ	217
ビデオ	94,117
ビデオコントロール	95,98
ビデオスタイルの適用	101
ビデオの明るさの調整	100
ビデオの移動	98
ビデオの色の変更	100
ビデオのオプショングループ	108
ビデオのキャプションの挿入	102
ビデオのコントラストの調整	100
ビデオのサイズ変更	98
ビデオの再生	97,120
ビデオの再生のタイミング	107
ビデオの作成	117,118
ビデオの挿入	94,96
ビデオのデザインのリセット	101
ビデオのトリミング	104
ビデオのトリミングダイアログボックス	106
ビデオの表紙画像	106
ビデオのファイルサイズと画質	119
ビデオの編集	100
ビデオファイルの種類	94
非表示（ガイド）	53
非表示（グリッド線）	53
非表示（コメント）	208
非表示（タイトルスライドの背景）	140
非表示（変更履歴ウィンドウ）	221
表示（ガイド）	52
表示（記録タブ）	287

表示（グリッド線） ………………………… 52
表示（コメント） …………………………… 208
表示（タイトルスライドの背景） ………… 140
表示（スライドマスター） …………… 129,130
表示（変更履歴ウィンドウ） ……………… 221
表紙画像（ビデオ） ………………………… 106
表示順序（図形） …………………………… 65
表示倍率の変更 ……………………………… 56
表の書式設定 ……………………………… 188
開く（パスワードを設定したプレゼンテーション）… 247

ふ

ファイル形式を指定して保存 …………… 254
フォントの置換 …………………………… 205
フッター …………………………………… 148
フッターの挿入 …………………………… 148
フッターの編集 …………………………… 149
プレースホルダーのサイズ変更 ………… 134
プレゼンテーションの比較 ………… 216,217
プレゼンテーションのビデオの作成 …… 117
プレゼンテーションのプロパティの設定 … 236
プレゼンテーションの保護 ……………… 246
プレゼンテーションの問題点のチェック … 239
プレゼンテーションパックの作成 ……… 258
プロパティ ………………………………… 236
プロパティの設定 ………………………… 236
プロパティの入力 ………………………… 237
プロパティの表示（ファイル一覧） …… 238
プロパティを使ったファイルの検索 …… 238

へ

ヘッダー …………………………………… 148
ヘッダーの挿入 …………………………… 148
ヘッダーの編集 …………………………… 149
変更内容の反映 …………………………… 222
変更の承諾 ………………………………… 225
変更の承諾（校閲タブ） ………………… 224
変更の承諾（変更履歴ウィンドウ） …… 223
変更の承諾（変更履歴マーカー） ……… 222
変更履歴ウィンドウ ………………… 220,221,223
変更履歴ウィンドウの非表示 …………… 221
変更履歴ウィンドウの表示 ……………… 221
変更履歴マーカー …………………… 220,222
変更を元に戻す …………………………… 226
返答（コメント） ………………………… 213

ほ

保存（PDFファイル） …………………… 257
保存（最終版） …………………………… 249
保存（テーマ） …………………………… 145
保存（テンプレート） …………………… 250

め

メッセージの表示（コメント） ………… 207

も

文字の修正（図形） ………………………… 59
文字の入力（図形） ………………………… 58
元に戻す（変更） ………………………… 226
元の書式を保持したスライドの再利用 … 192

ゆ

ユーザー設定の変更 ……………………… 209
ユーザー定義のテーマの適用 …………… 146
ユーザー名（コメント） ………………… 210

よ

横書きテキストボックスの作成 …………… 77
読み取り順の確認 ………………………… 245

り

リアルタイムプレビュー …………………… 13
リセット（画像） …………………………… 15
リセット（スライド） ……………… 172,173
リセット（ビデオのデザイン） ………… 101
リンク（Excelグラフ） ……………… 177,178
リンクしたグラフのデータ修正 ………… 182
リンクの確認（リンク貼り付け） ……… 181
リンクの確認（オブジェクトの動作） … 154,157
リンクの編集 ……………………………… 187
リンク貼り付け（Excel表） …………… 187

れ

レイアウト ………………………………… 128
レイアウトの変更（スライド） …………… 46
レイアウトのスライドマスター …… 128,141

ろ

録音（ナレーション） …………………… 113

わ

ワードアートの作成 ……………………… 136

よくわかる
Microsoft® PowerPoint® 2019 応用
(FPT1818)

2019年4月3日 初版発行

著作／制作：富士通エフ・オー・エム株式会社

発行者：大森　康文

発行所：FOM出版（富士通エフ・オー・エム株式会社）
　　　　〒105-6891　東京都港区海岸1-16-1　ニューピア竹芝サウスタワー
　　　　http://www.fujitsu.com/jp/fom/

印刷／製本：株式会社サンヨー

表紙デザインシステム：株式会社アイロン・ママ

- 本書は、構成・文章・プログラム・画像・データなどのすべてにおいて、著作権法上の保護を受けています。本書の一部あるいは全部について、いかなる方法においても複写・複製など、著作権法上で規定された権利を侵害する行為を行うことは禁じられています。
- 本書に関するご質問は、ホームページまたは郵便にてお寄せください。
 <ホームページ>
　上記ホームページ内の「FOM出版」から「QAサポート」にアクセスし、「QAフォームのご案内」から所定のフォームを選択して、必要事項をご記入の上、送信してください。
 <郵便>
　次の内容を明記の上、上記発行所の「FOM出版 デジタルコンテンツ開発部」まで郵送してください。
　・テキスト名　　・該当ページ　　・質問内容（できるだけ操作状況を詳しくお書きください）
　・ご住所、お名前、電話番号
　　※ご住所、お名前、電話番号など、お知らせいただきました個人に関する情報は、お客様ご自身とのやり取りのみに使用させていただきます。ほかの目的のために使用することは一切ございません。
　なお、次の点に関しては、あらかじめご了承ください。
　・ご質問の内容によっては、回答に日数を要する場合があります。
　・本書の範囲を超えるご質問にはお答えできません。　・電話やFAXによるご質問には一切応じておりません。
- 本製品に起因してご使用者に直接または間接的損害が生じても、富士通エフ・オー・エム株式会社はいかなる責任も負わないものとし、一切の賠償などは行わないものとします。
- 本書に記載された内容などは、予告なく変更される場合があります。
- 落丁・乱丁はお取り替えいたします。

© FUJITSU FOM LIMITED 2019
Printed in Japan

FOM出版のシリーズラインアップ

定番の よくわかる シリーズ

「よくわかる」シリーズは、長年の研修事業で培ったスキルをベースに、ポイントを押さえたテキスト構成になっています。すぐに役立つ内容を、丁寧に、わかりやすく解説しているシリーズです。

資格試験の よくわかるマスター シリーズ

「よくわかるマスター」シリーズは、IT資格試験の合格を目的とした試験対策用教材です。

■MOS試験対策　　　　　　　　　　■情報処理技術者試験対策

　　　　　　　　　　　　　　　　　　ITパスポート試験　　基本情報技術者試験

FOM出版テキスト 最新情報 のご案内

FOM出版では、お客様の利用シーンに合わせて、最適なテキストをご提供するために、様々なシリーズをご用意しています。

FOM出版　検索

http://www.fom.fujitsu.com/goods/

FAQのご案内
［テキストに関するよくあるご質問］

FOM出版テキストのお客様Q&A窓口に皆様から多く寄せられたご質問に回答を付けて掲載しています。

FOM出版　FAQ　検索

http://www.fom.fujitsu.com/goods/faq/

緑色の用紙の内側に、別冊「練習問題・総合問題 解答」が添付されています。

別冊は必要に応じて取りはずせます。取りはずす場合は、この用紙を1枚めくっていただき、別冊の根元を持って、ゆっくりと引き抜いてください。

練習問題・総合問題 解答

Microsoft PowerPoint® 2019 応用

練習問題解答 …………………………………………………………… 1

総合問題解答 …………………………………………………………… 15

練習問題解答

> 設定する項目名が一覧にない場合は、任意の項目を選択してください。

第1章　練習問題

①

① スライド6を選択
② 《挿入》タブを選択
③ 《画像》グループの （図）をクリック
④ 画像が保存されている場所を選択
※《PC》→《ドキュメント》→「PowerPoint2019応用」→「第1章」→「第1章練習問題」を選択します。
⑤ 一覧から「本」を選択
⑥ 《挿入》をクリック
⑦ 画像を選択
⑧ 《書式》タブを選択
⑨ 《調整》グループの（背景の削除）をクリック
⑩ 《背景の削除》タブを選択
⑪ 《設定し直す》グループの（保持する領域としてマーク）や（削除する領域としてマーク）を使って調整
⑫ 《閉じる》グループの（背景の削除を終了して、変更を保持する）をクリック
⑬ 画像の○（ハンドル）をドラッグしてサイズ変更
⑭ 画像をドラッグして移動

②

① スライド6を選択
② 左上の画像を選択
③ 《書式》タブを選択
④ 《調整》グループの （色）をクリック
⑤ 《色のトーン》の《温度：8800K》（左から6番目）をクリック

③

① スライド6を選択
② 左下の画像を選択
③ 《書式》タブを選択
④ 《調整》グループの （色）をクリック
⑤ 《色の彩度》の《彩度：200%》（左から5番目）をクリック

④

① スライド6を選択
② 右の画像を選択
③ 《書式》タブを選択
④ 《調整》グループの（色）をクリック
⑤ 《色の変更》の《セピア》（左から3番目、上から1番目）をクリック

⑤

① スライド7を選択
② 《挿入》タブを選択
③ 《画像》グループの（図）をクリック
④ 画像が保存されている場所を選択
※《PC》→《ドキュメント》→「PowerPoint2019応用」→「第1章」→「第1章練習問題」を選択します。
⑤ 一覧から「川」を選択
⑥ 《挿入》をクリック
⑦ 画像を選択
⑧ 《書式》タブを選択
⑨ 《配置》グループの（オブジェクトの回転）をクリック
⑩ 《左へ90度回転》をクリック
⑪ 画像の○（ハンドル）をドラッグしてサイズ変更
⑫ 画像をドラッグして移動

⑥

① スライド8を選択
② 《挿入》タブを選択
③ 《画像》グループの （図）をクリック
④ 画像が保存されている場所を選択
※《PC》→《ドキュメント》→「PowerPoint2019応用」→「第1章」→「第1章練習問題」を選択します。
⑤ 一覧から「サクラ」を選択
⑥ 《挿入》をクリック
⑦ 画像を選択
⑧ 《書式》タブを選択
⑨ 《サイズ》グループの （トリミング）の をクリック
⑩ 《縦横比》をポイント
⑪ 《横》の《4：3》をクリック
⑫ Shift を押しながら、┌ や ┘ をドラッグして、トリミング範囲を設定
※必要に応じて、画像をドラッグして表示位置を調整します。
⑬ 画像以外の場所をクリック
⑭ 画像を選択
⑮ 《書式》タブを選択
⑯ 《サイズ》グループの （図形の高さ）を「5.5cm」に設定
※ （図形の幅）が自動的に「7.33cm」になります。
⑰ 画像をドラッグして移動
⑱ 《配置》グループの （背面へ移動）の をクリック
⑲ 《最背面へ移動》をクリック
⑳ 同様に、「アサガオ」「サザンカ」を挿入し、トリミングして位置と配置を調整

⑦

① スライド8を選択
② 画像「サクラ」を選択
③ Shift を押しながら、その他の画像を選択
④ 《書式》タブを選択
⑤ 《図のスタイル》グループの （その他）をクリック
⑥ 《四角形、面取り》（左から1番目、上から5番目）をクリック
⑦ 4つの画像が選択されていることを確認
⑧ 画像を右クリック
⑨ 《オブジェクトの書式設定》をクリック
⑩ （効果）をクリック
⑪ 《影》をクリック
⑫ 《標準スタイル》の （影）をクリック
⑬ 《外側》の《オフセット：右下》（左から1番目、上から1番目）をクリック
⑭ 《透明度》を「70%」に設定
⑮ 《ぼかし》を「10pt」に設定
⑯ 《距離》を「10pt」に設定
⑰ 作業ウィンドウの × （閉じる）をクリック

⑧

① スライド8を選択
② 画像「サクラ」を選択
③ 《書式》タブを選択
④ 《調整》グループの （アート効果）をクリック
⑤ 《セメント》（左から1番目、上から4番目）をクリック
⑥ 同様に、その他の画像にアート効果を設定

⑨

① スライド10を選択
② SmartArtグラフィック内の左の画像を選択
③ Shift を押しながら、その他の画像を選択
④ 《図ツール》の《書式》タブを選択
※《図ツール》が表示されていない場合は、右側の《書式》タブを選択します。
⑤ 《図のスタイル》の （図の枠線）をクリック
⑥ 《テーマの色》の《オレンジ、アクセント1》（左から5番目、上から1番目）をクリック
⑦ 《サイズ》グループの （トリミング）の をクリック
⑧ 《図形に合わせてトリミング》をポイント
⑨ 《四角形》の （四角形：角を丸くする）をクリック

第2章　練習問題

①
① 《デザイン》タブを選択
② 《ユーザー設定》グループの ▭ （スライドのサイズ）をクリック
③ 《ユーザー設定のスライドのサイズ》をクリック
④ 《スライドのサイズ指定》の ∨ をクリックし、一覧から《A4》を選択
⑤ 《スライド》の《縦》を ⦿ にする
⑥ 《OK》をクリック
⑦ 《最大化》または《サイズに合わせて調整》をクリック

②
① 《ホーム》タブを選択
② 《スライド》グループの ▭レイアウト▾ （スライドのレイアウト）をクリック
③ 《白紙》をクリック

③
① 《デザイン》タブを選択
② 《バリエーション》グループの ▾ （その他）をクリック
③ 《配色》をポイント
④ 《赤》をクリック
⑤ 《バリエーション》グループの ▾ （その他）をクリック
⑥ 《フォント》をポイント
⑦ 《Calibri　メイリオ　メイリオ》をクリック

④
① 《表示》タブを選択
② 《表示》グループの《グリッド線》を ☑ にする
③ 《表示》グループの《ガイド》を ☑ にする
④ 《表示》グループの ▭ （グリッドの設定）をクリック
⑤ 《描画オブジェクトをグリッド線に合わせる》を ☑ にする
⑥ 《間隔》の左側のボックスの ∨ をクリックし、一覧から《5グリッド/cm》を選択
⑦ 《間隔》の右側のボックスが「0.2cm」になっていることを確認
⑧ 《OK》をクリック
⑨ 水平方向のガイドを中心から上に「8.00」の位置までドラッグ
⑩ [Ctrl] を押しながら、水平方向のガイドを中心から下に「10.00」の位置までドラッグしてコピー

⑤
① 《挿入》タブを選択
② 《図》グループの ▭ （図形）をクリック
③ 《四角形》の ▭ （正方形/長方形）をクリック
④ 始点から終点までドラッグして、長方形を作成
⑤ 長方形が選択されていることを確認
⑥ 文字を入力

⑥
① 長方形を選択
② 《ホーム》タブを選択
③ 《フォント》グループの Calibri 本文 ▾ （フォント）の ▾ をクリックし、一覧から《Consolas》を選択
④ 《フォント》グループの 18 ▾ （フォントサイズ）の ▾ をクリックし、一覧から《54》を選択
⑤ 《段落》グループの ▭ （右揃え）をクリック

⑦
① 《挿入》タブを選択
② 《図》グループの ▭ （図形）をクリック
③ 《基本図形》の △ （二等辺三角形）をクリック
④ 始点から終点までドラッグして、葉を作成
⑤ 葉が選択されていることを確認
⑥ [Ctrl] を押しながら、ドラッグして下に2つコピー
⑦ 《挿入》タブを選択
⑧ 《図》グループの ▭ （図形）をクリック
⑨ 《四角形》の ▭ （正方形/長方形）をクリック
⑩ 始点から終点までドラッグして、幹を作成
⑪ 一番上の葉を選択
⑫ [Shift] を押しながら、その他の葉と幹を選択
⑬ 《書式》タブを選択
⑭ 《配置》グループの ▭▾ （オブジェクトの配置）をクリック
⑮ 《左右中央揃え》をクリック
⑯ 《図形のスタイル》グループの ▾ （その他）をクリック
⑰ 《テーマスタイル》の《枠線-淡色1、塗りつぶし-茶、アクセント4》（左から5番目、上から3番目）をクリック

⑧
① 一番上の葉を選択
② Shift を押しながら、その他の葉と幹を選択
③《書式》タブを選択
④《図形の挿入》グループの (図形の結合)をクリック
⑤《接合》をクリック
⑥ 結合した木のイラストが選択されていることを確認
⑦ Ctrl を押しながら、ドラッグして右にコピー
⑧ 木のイラストをドラッグして移動

⑨
①《挿入》タブを選択
②《画像》グループの (図)をクリック
③ 画像が保存されている場所を選択
※《PC》→《ドキュメント》→「PowerPoint2019応用」→「第2章」→「第2章練習問題」を選択します。
④ 一覧から「レストラン」を選択
⑤《挿入》をクリック
⑥ 画像をドラッグして移動

⑩
①《挿入》タブを選択
②《テキスト》グループの (横書きテキストボックスの描画)をクリック
③ 始点でクリック
④ 文字を入力

⑪
① テキストボックスを選択
②《ホーム》タブを選択
③《フォント》グループの (フォント)の をクリックし、一覧から《Consolas》を選択
④《フォント》グループの 18 (フォントサイズ)の をクリックし、一覧から《20》を選択
⑤《フォント》グループの (フォントの色)の をクリック
⑥《テーマの色》の《茶、アクセント5、黒+基本色50%》(左から9番目、上から6番目)をクリック

⑫
①「ブナの森レストラン」を選択
②《ホーム》タブを選択
③《フォント》グループの 20 (フォントサイズ)の をクリックし、一覧から《32》を選択
④《フォント》グループの S (文字の影)をクリック
⑤ テキストボックスの周囲の枠線をドラッグして移動

⑬
①《挿入》タブを選択
②《テキスト》グループの (横書きテキストボックスの描画)の をクリック
③《縦書きテキストボックス》をクリック
④ 始点でクリック
⑤ 文字を入力

⑭
① ⑬で作成したテキストボックスを選択
②《ホーム》タブを選択
③《フォント》グループの 18 (フォントサイズ)の をクリックし、一覧から《28》を選択
④《フォント》グループの (フォントの色)の をクリック
⑤《テーマの色》の《白、背景1》(左から1番目、上から1番目)をクリック
⑥ テキストボックスを右クリック
⑦《図形の書式設定》をクリック
⑧《図形のオプション》の (塗りつぶしと線)をクリック
⑨《塗りつぶし》をクリック
⑩《塗りつぶし(単色)》を にする
⑪《色》の (塗りつぶしの色)をクリック
⑫《テーマの色》の《黒、テキスト1、白+基本色5%》(左から2番目、上から6番目)をクリック
⑬《透明度》を「50%」に設定
⑭《図形のオプション》の (効果)をクリック
⑮《ぼかし》をクリック
⑯《サイズ》を「5pt」に設定
⑰ 作業ウィンドウの × (閉じる)をクリック
⑱ テキストボックスの周囲の枠線をドラッグして移動

⑮
① 《挿入》タブを選択
② 《図》グループの ■(図形) をクリック
③ 《四角形》の □ (正方形/長方形) をクリック
④ 始点から終点までドラッグして、長方形を作成
⑤ 長方形が選択されていることを確認
⑥ 文字を入力

⑯
① ⑮で作成した長方形を選択
② 《ホーム》タブを選択
③ 《フォント》グループの ▢ (フォント)の ▼ をクリックし、一覧から《Consolas》を選択
④ 《書式》タブを選択
⑤ 《図形のスタイル》グループの 図形の塗りつぶし (図形の塗りつぶし) をクリック
⑥ 《テーマの色》の《オレンジ、アクセント3》(左から7番目、上から1番目) をクリック
⑦ 《ホーム》タブを選択
⑧ 《段落》グループの ≡ (左揃え) をクリック

⑰
① 《挿入》タブを選択
② 《図》グループの ■(図形) をクリック
③ 《基本図形》の ▢ (円柱) をクリック
④ 始点から終点までドラッグして、コーヒーカップを作成
⑤ 《挿入》タブを選択
⑥ 《図》グループの ■(図形) をクリック
⑦ 《基本図形》の ○ (楕円) をクリック
⑧ 始点から終点までドラッグして、受け皿を作成
⑨ 受け皿が選択されていることを確認
⑩ 《書式》タブを選択
⑪ 《配置》グループの 背面へ移動 (背面へ移動) をクリック
⑫ 受け皿を選択
⑬ Shift を押しながら、コーヒーカップを選択
⑭ 《配置》グループの ▤ (オブジェクトの配置) をクリック
⑮ 《左右中央揃え》をクリック
⑯ 《挿入》タブを選択
⑰ 《図》グループの ■(図形) をクリック
⑱ 《基本図形》の ⌒ (アーチ) をクリック
⑲ 始点から終点までドラッグして、持ち手を作成
⑳ 持ち手が選択されていることを確認
㉑ 《書式》タブを選択
㉒ 《配置》グループの ▤▾ (オブジェクトの回転) をクリック
㉓ 《右へ90度回転》をクリック
㉔ 持ち手をドラッグして移動
㉕ 《挿入》タブを選択
㉖ 《図》グループの ■(図形) をクリック
㉗ 《星とリボン》の ✦ (星:4pt) をクリック
㉘ 始点から終点までドラッグして、光を作成
㉙ 光が選択されていることを確認
㉚ 《書式》タブを選択
㉛ 《図形のスタイル》グループの 図形の塗りつぶし (図形の塗りつぶし) をクリック
㉜ 《テーマの色》の《白、背景1》(左から1番目、上から1番目) をクリック
㉝ コーヒーカップを選択
㉞ Shift を押しながら、受け皿と持ち手、光を選択
㉟ 《配置》グループの ▤▾ (オブジェクトのグループ化) をクリック
㊱ 《グループ化》をクリック

⑱
① ⑮で作成した長方形を選択
② Shift を押しながら、⑰で作成したコーヒーカップのイラストを選択
③ 《書式》タブを選択
④ 《配置》グループの ▤▾ (オブジェクトのグループ化) をクリック
⑤ 《グループ化》をクリック
⑥ Ctrl を押しながら、ドラッグして右にコピー

⑲
① 《表示》タブを選択
② 《表示》グループの《グリッド線》を ☐ にする
③ 《表示》グループの《ガイド》を ☐ にする

第3章　練習問題

①

① スライド7を選択
② コンテンツのプレースホルダーの （ビデオの挿入）をクリック
③《参照》をクリック
④ ビデオが保存されている場所を選択
※《PC》→《ドキュメント》→「PowerPoint2019応用」→「第3章」→「第3章練習問題」を選択します。
⑤ 一覧から「折り紙（かぶと）」を選択
⑥《挿入》をクリック
⑦ ビデオの○（ハンドル）をドラッグしてサイズ変更
⑧ ビデオをドラッグして移動

②

① スライド7を選択
② ビデオを選択
③ ▶（再生/一時停止）をクリック

③

① スライド7を選択
② ビデオを選択
③《書式》タブを選択
④《調整》グループの （修整）をクリック
⑤《明るさ/コントラスト》の《明るさ：+20% コントラスト：+20%》（左から4番目、上から4番目）をクリック

④

① スライド7を選択
② ビデオを選択
③《書式》タブを選択
④《ビデオスタイル》グループの （その他）をクリック
⑤《巧妙》の《四角形、背景の影付き》をクリック

⑤

① スライド7を選択
② ビデオを選択
③《再生》タブを選択
④《編集》グループの （ビデオのトリミング）をクリック
⑤ を右にドラッグ（目安：「00：02.513」）
※ 開始時間に「00：02.513」と入力してもかまいません。
⑥ を左にドラッグ（目安：「01：37.508」）
※ 終了時間に「01：37.508」と入力してもかまいません。
⑦《OK》をクリック

⑥

① スライド7を選択
② ビデオを選択
③《再生》タブを選択
④《キャプションのオプション》グループの （キャプションの挿入）をクリック
⑤ キャプションファイルが保存されている場所を選択
※《PC》→《ドキュメント》→「PowerPoint2019応用」→「第3章」→「第3章練習問題」を選択します。
⑥ 一覧から「かぶとの折り方.vtt」を選択
⑦《挿入》をクリック
⑧ （オーディオと字幕のメニューの表示/非表示）をクリック
⑨「かぶとの折り方」の前にチェックマークが付いていることを確認

⑦

① スライド7を選択
② ビデオを選択
③《再生》タブを選択
④《ビデオのオプション》グループの《開始》の をクリックし、一覧から《自動》を選択
⑤《スライドショー》タブを選択
⑥《スライドショーの開始》グループの （このスライドから開始）をクリック
※ Esc を押して、スライドショーを閉じておきましょう。

⑧

①スライド1を選択

②《挿入》タブを選択

③《メディア》グループの (オーディオの挿入)をクリック

※《メディア》グループが (メディア)で表示されている場合は、 (メディア)をクリックすると、《メディア》グループのボタンが表示されます。

④《このコンピューター上のオーディオ》をクリック

⑤オーディオが保存されている場所を選択

※《PC》→《ドキュメント》→「PowerPoint2019応用」→「第3章」→「第3章練習問題」を選択します。

⑥一覧から「音声1」を選択

⑦《挿入》をクリック

⑧オーディオのアイコンの○(ハンドル)をドラッグしてサイズ変更

⑨オーディオのアイコンをドラッグして移動

⑩同様に、スライド2からスライド9にオーディオを挿入し、オーディオのアイコンのサイズと位置を調整

⑨

①スライド1を選択

②オーディオのアイコンを選択

③《再生》タブを選択

④《オーディオのオプション》グループの《開始》の をクリックし、一覧から《自動》を選択

⑤同様に、スライド2からスライド9のオーディオの再生のタイミングを《自動》に設定

⑩

①スライド7を選択

②オーディオのアイコンを選択

③《アニメーション》タブを選択

④《タイミング》グループの (順番を前にする)をクリック

⑪

①《スライドショー》タブを選択

②《スライドショーの開始》グループの (先頭から開始)をクリック

③クリックして最後のスライドまで確認

⑫

①《ファイル》タブを選択

②《エクスポート》をクリック

③《ビデオの作成》をクリック

④一覧から《HD(720p)》を選択

⑤《記録されたタイミングとナレーションを使用しない》になっていることを確認

⑥《各スライドの所要時間(秒)》が「05.00」になっていることを確認

⑦《ビデオの作成》をクリック

⑧ビデオを保存する場所を選択

※《PC》→《ドキュメント》→「PowerPoint2019応用」→「第3章」→「第3章練習問題」を選択します。

⑨《ファイル名》に「体験教室のご紹介」と入力

⑩《ファイルの種類》が《MPEG-4ビデオ》になっていることを確認

⑪《保存》をクリック

⑬

①タスクバーの (エクスプローラー)をクリック

②ビデオが保存されている場所を選択

※《PC》→《ドキュメント》→「PowerPoint2019応用」→「第3章」→「第3章練習問題」を選択します。

③ビデオ「体験教室のご紹介」をダブルクリック

※ (閉じる)をクリックして、ビデオを終了しておきましょう。

第4章　練習問題

①
①《表示》タブを選択
②《マスター表示》グループの ■ (スライドマスター表示) をクリック

②
①サムネイルの一覧から《ウィスプノート：スライド1-8で使用される》(上から1番目) を選択
②タイトルのプレースホルダーを選択
③《ホーム》タブを選択
④《フォント》グループの メイリオ 見出し (フォント) の ▼ をクリックし、一覧から《游明朝》を選択
⑤《フォント》グループの 36 (フォントサイズ) の ▼ をクリックし、一覧から《40》を選択

③
①弧状の図形を選択
②[Delete]を押す
③同様に、残った弧状の図形を削除
④長方形を選択
⑤右中央の○ (ハンドル) をドラッグしてサイズ変更

④
①サムネイルの一覧から《ウィスプノート：スライド1-8で使用される》(上から1番目) が選択されていることを確認
②《挿入》タブを選択
③《テキスト》グループの ■ (ワードアートの挿入) をクリック
④《塗りつぶし：緑、アクセントカラー4；面取り(ソフト)》(左から5番目、上から1番目) をクリック
⑤《ここに文字を入力》に「財団法人　美倉会」と入力

⑤
①サムネイルの一覧から《ウィスプノート：スライド1-8で使用される》(上から1番目) が選択されていることを確認
②ワードアートを選択
③《ホーム》タブを選択
④《フォント》グループの 54 (フォントサイズ) の ▼ をクリックし、一覧から《16》を選択
⑤《フォント》グループの ■ (フォントの色) の ▼ をクリック
⑥《テーマの色》の《黒、テキスト1》(左から2番目、上から1番目) をクリック
⑦ワードアートをドラッグして移動

⑥
①サムネイルの一覧から《ウィスプノート：スライド1-8で使用される》(上から1番目) が選択されていることを確認
②《挿入》タブを選択
③《画像》グループの ■ (図) をクリック
④画像が保存されている場所を選択
※《PC》→《ドキュメント》→「PowerPoint2019応用」→「第4章」→「第4章練習問題」を選択します。
⑤一覧から「ロゴ」を選択
⑥《挿入》をクリック
⑦画像をドラッグして移動
⑧画像の○ (ハンドル) をドラッグしてサイズ変更

⑦
①サムネイルの一覧から《タイトルスライドレイアウト：スライド1で使用される》(上から2番目) を選択
②タイトルのプレースホルダーを選択
③《ホーム》タブを選択
④《フォント》グループの 54 (フォントサイズ) の ▼ をクリックし、一覧から《60》を選択

⑧
①サムネイルの一覧から《タイトルスライドレイアウト：スライド1で使用される》(上から2番目) が選択されていることを確認
②サブタイトルのプレースホルダーを選択
③《ホーム》タブを選択
④《フォント》グループの 18 (フォントサイズ) の ▼ をクリックし、一覧から《24》を選択
⑤《段落》グループの ■ (右揃え) をクリック

⑨
①サムネイルの一覧から《タイトルスライドレイアウト：スライド1で使用される》(上から2番目) が選択されていることを確認
②《スライドマスター》タブを選択
③《背景》グループの《背景を非表示》を ✔ にする

⑩

① サムネイルの一覧から《ウィスプノート：スライド1-8で使用される》（上から1番目）を選択
② 長方形を選択
③ 《ホーム》タブを選択
④ 《クリップボード》グループの (コピー) をクリック
⑤ サムネイルの一覧から《タイトルスライドレイアウト：スライド1で使用される》（上から2番目）を選択
⑥ 《クリップボード》グループの (貼り付け) をクリック
⑦ 長方形が選択されていることを確認
⑧ 《書式》タブを選択
⑨ 《配置》グループの 背面へ移動 (背面へ移動) の をクリック
⑩ 《最背面へ移動》をクリック

⑪

① 《スライドマスター》タブを選択
② 《閉じる》グループの (マスター表示を閉じる) をクリック

⑫

① 《デザイン》タブを選択
② 《テーマ》グループの (その他) をクリック
③ 《現在のテーマを保存》をクリック
④ 保存先が《Document Themes》になっていることを確認
⑤ 《ファイル名》に「美倉会」と入力
⑥ 《保存》をクリック

⑬

① 《挿入》タブを選択
② 《テキスト》グループの (ヘッダーとフッター) をクリック
③ 《スライド》タブを選択
④ 《スライド番号》を ☑ にする
⑤ 《フッター》を ☑ にし、「©2019 MIKURAKAI All Rights Reserved.」と入力
⑥ 《タイトルスライドに表示しない》を ☑ にする
⑦ 《すべてに適用》をクリック

⑭

① 《表示》タブを選択
② 《マスター表示》グループの (スライドマスター表示) をクリック
③ サムネイルの一覧から《ウィスプノート：スライド1-8で使用される》（上から1番目）を選択
④ 「©2019 MIKURAKAI All Rights Reserved.」のプレースホルダーを選択
⑤ 《ホーム》タブを選択
⑥ 《フォント》グループの (フォントの色) の をクリック
⑦ 《テーマの色》の《黒、テキスト1》（左から2番目、上から1番目）をクリック
⑧ 《フォント》グループの 9 (フォントサイズ) の をクリックし、一覧から《12》を選択
⑨ プレースホルダーの周囲の枠線をドラッグして移動

⑮

① サムネイルの一覧から《ウィスプノート：スライド1-8で使用される》（上から1番目）が選択されていることを確認
② 「<#>」のプレースホルダーを選択
③ 《ホーム》タブを選択
④ 《フォント》グループの (フォントの色) の をクリック
⑤ 《テーマの色》の《黒、テキスト1》（左から2番目、上から1番目）をクリック
⑥ 《フォント》グループの 20 (フォントサイズ) の をクリックし、一覧から《16》を選択
⑦ プレースホルダーの周囲の枠線をドラッグして移動
⑧ 《スライドマスター》タブを選択
⑨ 《閉じる》グループの (マスター表示を閉じる) をクリック

⑯

① スライド3を選択
② 左の画像を選択
③ 《挿入》タブを選択
④ 《リンク》グループの (動作) をクリック
⑤ 《マウスのクリック》タブを選択
⑥ 《ハイパーリンク》を ● にする

⑦ ∨をクリックし、一覧から《スライド》を選択
⑧《スライドタイトル》の一覧から「4.茶道」を選択
⑨《OK》をクリック
⑩《OK》をクリック
⑪ 同様に、中央と右の画像にそれぞれリンクを設定

⑰

① スライド4を選択
②《挿入》タブを選択
③《図》グループの (図形) をクリック
④《動作設定ボタン》の (動作設定ボタン：戻る) をクリック
⑤ 始点から終点までドラッグして、動作設定ボタンを作成
⑥《マウスのクリック》タブを選択
⑦《ハイパーリンク》を◉にする
⑧ ∨をクリックし、一覧から《スライド》を選択
⑨《スライドタイトル》の一覧から「3.体験教室」を選択
⑩《OK》をクリック
⑪《OK》をクリック
⑫ 同様に、スライド5とスライド6に動作設定ボタンを作成

⑱

① スライド3を選択
②《スライドショー》タブを選択
③《スライドショーの開始》グループの (このスライドから開始) をクリック
④ 左の画像をクリック
⑤ スライド4の動作設定ボタンをクリック
⑥ スライド3の中央の画像をクリック
⑦ スライド5の動作設定ボタンをクリック
⑧ スライド3の右の画像をクリック
⑨ スライド6の動作設定ボタンをクリック
※ Escを押して、スライドショーを終了しておきましょう。

第5章　練習問題

①

① スライド1を選択
②《ホーム》タブを選択
③《スライド》グループの (新しいスライド) の をクリック
④《アウトラインからスライド》をクリック
⑤ Word文書が保存されている場所を選択
※《PC》→《ドキュメント》→「PowerPoint2019応用」→「第5章」→「第5章練習問題」を選択します。
⑥ 一覧から「調査概要」を選択
⑦《挿入》をクリック

②

① スライド2を選択
② Shiftを押しながら、スライド4を選択
③《ホーム》タブを選択
④《スライド》グループの リセット (リセット) をクリック
⑤ スライド3を選択
⑥ Shiftを押しながら、スライド4を選択
⑦《スライド》グループの レイアウト (スライドのレイアウト) をクリック
⑧《タイトルのみ》をクリック

③

① Excelブック「調査結果データ②」を開く
② シート「調査結果①」のシート見出しをクリック
③ グラフを選択
④《ホーム》タブを選択
⑤《クリップボード》グループの (コピー) をクリック
⑥ プレゼンテーション「第5章練習問題」に切り替え
⑦ スライド3を選択
⑧《ホーム》タブを選択
⑨《クリップボード》グループの (貼り付け) の をクリック
⑩ (元の書式を保持しデータをリンク) をクリック
⑪ グラフをドラッグして移動
⑫ グラフの○ (ハンドル) をドラッグしてサイズ変更
⑬ グラフが選択されていることを確認
⑭《フォント》グループの 12 (フォントサイズ) の をクリックし、一覧から《16》を選択

④

① スライド3を選択
② グラフを選択
③《グラフツール》の《デザイン》タブを選択
④《グラフのレイアウト》グループの (グラフ要素を追加)をクリック
⑤《データラベル》をポイント
⑥《中央》をクリック
⑦ 系列「**持っている**」のデータラベルを選択
⑧《ホーム》タブを選択
⑨《フォント》グループの (フォントの色)の をクリック
⑩《テーマの色》の《**白、背景1**》(左から1番目、上から1番目)をクリック
⑪ 同様に、系列「**持っていない**」のデータラベルのフォントの色を設定

⑤

① Excelブック「**調査結果データ②**」に切り替え
② シート「**調査結果②**」のシート見出しをクリック
③ グラフを選択
④《ホーム》タブを選択
⑤《クリップボード》グループの (コピー)をクリック
⑥ プレゼンテーション「**第5章練習問題**」に切り替え
⑦ スライド4を選択
⑧《ホーム》タブを選択
⑨《クリップボード》グループの (貼り付け)の をクリック
⑩ (図)をクリック
⑪ グラフが選択されていることを確認
⑫《書式》タブを選択
⑬《図のスタイル》グループの (その他)をクリック
⑭《**四角形、背景の影付き**》をクリック
⑮ グラフをドラッグして移動
⑯ グラフの○(ハンドル)をドラッグしてサイズ変更

⑥

① Excelブック「**調査結果データ②**」に切り替え
② シート「**調査結果⑧**」のシート見出しをクリック
③ セル範囲【**B5:F15**】を選択
④《ホーム》タブを選択
⑤《クリップボード》グループの (コピー)をクリック
⑥ プレゼンテーション「**第5章練習問題**」に切り替え
⑦ スライド10を選択
⑧《ホーム》タブを選択
⑨《クリップボード》グループの (貼り付け)の をクリック
⑩ (貼り付け先のスタイルを使用)をクリック
⑪ 表の周囲の枠線をドラッグして移動
⑫ 表の○(ハンドル)をドラッグしてサイズ変更
⑬ 表が選択されていることを確認
⑭《フォント》グループの (フォントサイズ)の をクリックし、一覧から《**16**》を選択
⑮《表ツール》の《デザイン》タブを選択
⑯《表のスタイル》グループの (その他)をクリック
⑰《**ドキュメントに最適なスタイル**》の《**テーマスタイル1-アクセント1**》(左から2番目、上から1番目)をクリック
※Excelブック「調査結果データ②」を閉じておきましょう。

⑦

① スライド3を選択
②《ホーム》タブを選択
③《スライド》グループの (新しいスライド)の をクリック
④《**スライドの再利用**》をクリック
⑤《**参照**》をクリック
⑥ 再利用するプレゼンテーションが保存されている場所を選択
※《PC》→《ドキュメント》→「PowerPoint2019応用」→「第5章」→「第5章練習問題」を選択します。
⑦ 一覧から「**2014年調査資料**」を選択
⑧《**開く**》をクリック
⑨《**スライドの再利用**》作業ウィンドウの「**調査結果①スマートデバイスの所有率**」のスライドをクリック
※《スライドの再利用》作業ウィンドウを閉じておきましょう。

⑧

① スライド4を選択
② タイトルを修正

第6章　練習問題

①
① スライド1を選択
② 《ホーム》タブを選択
③ 《編集》グループの ![検索] （検索）をクリック
④ 《検索する文字列》に「**折り紙**」と入力
⑤ 《次を検索》をクリック
⑥ 同様に、《次を検索》をクリックし、プレゼンテーション内の「**折り紙**」の単語をすべて検索
※4件検索されます。
⑦ 《OK》をクリック
⑧ 《閉じる》をクリック
※ステータスバーの ![ノート] をクリックし、ノートペインを非表示にしておきましょう。

②
① スライド1を選択
② 《ホーム》タブを選択
③ 《編集》グループの ![置換] （置換）をクリック
④ 《検索する文字列》に「**茶の湯**」と入力
⑤ 《置換後の文字列》に「**茶道**」と入力
⑥ 《すべて置換》をクリック
※2個の文字列が置換されます。
⑦ 《OK》をクリック
⑧ 《閉じる》をクリック

③
① スライド8を選択
② ![コメント] をクリック
③ 《コメント》作業ウィンドウの《返信》をクリック
④ コメントを入力
⑤ 《コメント》作業ウィンドウ以外の場所をクリック

④
① 《校閲》タブを選択
② 《コメント》グループの ![コメントの表示] （コメントの表示）の ![表示] をクリック
③ 《コメントと注釈の表示》をクリック
※クリックすると、《コメントと注釈の表示》の前のチェックマークが非表示になります。

⑤
① 《校閲》タブを選択
② 《コメント》グループの （コメントの表示）の ![表示] をクリック
③ 《コメントと注釈の表示》をクリック
※クリックすると、《コメントと注釈の表示》の前にチェックマークが付きます。
④ スライド8を選択
⑤ ![コメント] をクリック
⑥ 《コメント》作業ウィンドウの返答したコメントの内容をクリック
⑦ コメントを編集
⑧ 《コメント》作業ウィンドウ以外の場所をクリック

⑥
① 《校閲》タブを選択
② 《コメント》グループの （コメントの削除）の ![削除] をクリック
③ 《このプレゼンテーションからすべてのコメントを削除》をクリック
④ 《はい》をクリック
※《コメント》作業ウィンドウを閉じておきましょう。

⑦
① スライド1を選択
② 《校閲》タブを選択
③ 《比較》グループの ![比較] （比較）をクリック
④ 比較するプレゼンテーションが保存されている場所を選択
※《PC》→《ドキュメント》→「PowerPoint2019応用」→「第6章」→「第6章練習問題」を選択します。
⑤ 一覧から「**第6章練習問題_比較**」を選択
⑥ 《比較》をクリック
⑦ スライド7が表示されていることを確認
⑧ サムネイルペインのスライド7に表示されている ![マーカー] （変更履歴マーカー）の内容を確認
⑨ 《比較》グループの ![次へ] （次の変更箇所）をクリック
⑩ スライド2が表示されていることを確認
⑪ プレースホルダーの右上に表示されている ![マーカー] （変更履歴マーカー）の内容を確認
⑫ 《比較》グループの ![次へ] （次の変更箇所）をクリック
⑬ 同様に、《比較》グループの ![次へ] （次の変更箇所）をクリックして、すべての内容を確認
※5件の変更内容が表示されます。
⑭ 《キャンセル》をクリック

⑧

① スライド1を選択
②《校閲》タブを選択
③《比較》グループの ▶次へ （次の変更箇所）をクリック
④《比較》グループの ▶次へ （次の変更箇所）をクリック
⑤ スライド2が表示されていることを確認
⑥《変更履歴》ウィンドウの《スライド》をクリック
⑦《変更履歴》ウィンドウの「活動紹介」のスライドをクリック
⑧《比較》グループの ▶次へ （次の変更箇所）をクリック
⑨ スライド3が表示されていることを確認
⑩《変更履歴》ウィンドウの「体験教室」のスライドをクリック
⑪《比較》グループの ▶次へ （次の変更箇所）をクリック
⑫ SmartArtグラフィックの （変更履歴マーカー）と変更内容が表示されることを確認
⑬《比較》グループの ▶次へ （次の変更箇所）をクリック
⑭ スライド9が表示されていることを確認
⑮《変更履歴》ウィンドウの「お問い合わせ」のスライドをクリック

⑨

① スライド9を選択
② （変更履歴マーカー）をクリック
③《図3に対するすべての変更》を ☐ にする

⑩

① スライド7を選択
② サムネイルペインのスライド7に表示されている （変更履歴マーカー）の内容を確認
※ 内容が表示されていない場合は、（変更履歴マーカー）をクリックします。
③《折り紙を削除しました（佐藤）》を ☑ にする

⑪

①《校閲》タブを選択
②《比較》グループの （校閲の終了）をクリック
③《はい》をクリック

第7章　練習問題

①

① スライド1を選択
②《ホーム》タブを選択
③《スライド》グループの ≡セクション▼ （セクション）をクリック
④《セクションの追加》をクリック
⑤《セクション名》に「表紙」と入力
⑥《名前の変更》をクリック
⑦ 同様に、スライド2、スライド5、スライド6、スライド16の前にセクションを追加し、セクション名を設定

②

①《ホーム》タブを選択
②《スライド》グループの ≡セクション▼ （セクション）をクリック
③《すべて折りたたみ》をクリック

③

① サムネイルペインのセクション「総括」をセクション「調査結果」の下へドラッグ
②《ホーム》タブを選択
③《スライド》グループの ≡セクション▼ （セクション）をクリック
④《すべて展開》をクリック

④

①《ファイル》タブを選択
②《情報》をクリック
③《プロパティ》をクリック
④《詳細プロパティ》をクリック
⑤《ファイルの概要》タブを選択
⑥《作成者》に「白戸山市教育委員会」と入力
⑦《分類》に「2019年7月」と入力
⑧《キーワード》に「スマートフォン」と入力
⑨《OK》をクリック
※ Esc を押して、標準表示に切り替えておきましょう。

⑤
① 《ファイル》タブを選択
② 《情報》をクリック
③ 《問題のチェック》をクリック
④ 《ドキュメント検査》をクリック
⑤ 《はい》をクリック
⑥ すべての項目を☑にする
⑦ 《検査》をクリック
⑧ 《コメント》の《すべて削除》をクリック
⑨ 《閉じる》をクリック
※《コメント》作業ウィンドウが表示された場合は、閉じておきましょう。

⑥
① 《校閲》タブを選択
② 《アクセシビリティ》グループの （アクセシビリティチェック）をクリック

⑦
① 《アクセシビリティチェック》作業ウィンドウの《検査結果》の《エラー》の一覧から「グラフ2（スライド12）」を選択
② ▽をクリック
③ 《おすすめアクション》の《説明を追加》をクリック
④ 《代替テキスト》作業ウィンドウの枠内をクリック
⑤ 「フィルタリングの設定状況のグラフ」と入力

⑧
① 《アクセシビリティチェック》作業ウィンドウの《検査結果》の《エラー》の一覧から「図3（スライド16）」を選択
② 《代替テキスト》作業ウィンドウの枠内をクリック
③ 「ガイドブックの表紙」と入力
※《代替テキスト》作業ウィンドウを閉じておきましょう。

⑨
① 《アクセシビリティチェック》作業ウィンドウの《検査結果》の《エラー》の一覧から「表2（スライド11）」を選択
② ▽をクリック
③ 《おすすめアクション》の《最初の行をヘッダーとして使用》をクリック
※《表ツール》の《デザイン》タブ→《表スタイルのオプション》グループの《タイトル行》が☑に設定されます。
※《アクセシビリティチェック》作業ウィンドウを閉じておきましょう。

⑩
① 《ファイル》タブを選択
② 《情報》をクリック
③ 《プレゼンテーションの保護》をクリック
④ 《パスワードを使用して暗号化》をクリック
⑤ 《パスワード》に「password」と入力
⑥ 《OK》をクリック
⑦ 《パスワードの再入力》に再度「password」と入力
⑧ 《OK》をクリック
※ Esc を押して、標準表示に切り替えておきましょう。

⑪
① 《ファイル》タブを選択
② 《エクスポート》をクリック
③ 《PDF/XPSドキュメントの作成》をクリック
④ 《PDF/XPSの作成》をクリック
⑤ PDFファイルを保存する場所を選択
※《PC》→《ドキュメント》→「PowerPoint2019応用」→「第7章」→「第7章練習問題」を選択します。
⑥ 《ファイル名》に「調査報告（配布用）」と入力
⑦ 《ファイルの種類》が《PDF》になっていることを確認
⑧ 《発行後にファイルを開く》を☑にする
⑨ 《発行》をクリック
※ ✕（閉じる）をクリックして、PDFファイルを閉じておきましょう。

⑫
① 《ファイル》タブを選択
② 《エクスポート》をクリック
③ 《ファイルの種類の変更》をクリック
④ 《プレゼンテーションファイルの種類》の《テンプレート》をクリック
⑤ 《名前を付けて保存》をクリック
※ 表示されていない場合は、スクロールして調整しましょう。
⑥ 左側の一覧から《ドキュメント》を選択
※《ドキュメント》が表示されていない場合は、《PC》をダブルクリックします。
⑦ 一覧から《Officeのカスタムテンプレート》を選択
⑧ 《開く》をクリック
⑨ 《ファイル名》に「調査報告フォーマット」と入力
⑩ 《ファイルの種類》が《PowerPointテンプレート》になっていることを確認
⑪ 《保存》をクリック

総合問題解答

設定する項目名が一覧にない場合は、任意の項目を選択してください。

総合問題1

①
① スライド3を選択
② 《挿入》タブを選択
③ 《画像》グループの （図）をクリック
④ 画像が保存されている場所を選択
※ 《PC》→《ドキュメント》→「PowerPoint2019応用」→「総合問題」→「総合問題1」を選択します。
⑤ 一覧から「パリ」を選択
⑥ [Shift]を押しながら、「ミラノ」「ロンドン」を選択
⑦ 《挿入》をクリック
⑧ 3つの画像が選択されていることを確認
※ 選択されていない場合は、画像をクリックします。
⑨ 《書式》タブを選択
⑩ 《サイズ》グループの（図形の高さ）を「5cm」に設定
※ （図形の幅）が自動的に「2.56cm」になります。
⑪ 画像以外の場所をクリックし、画像の選択を解除
⑫ 「ロンドン」の画像をドラッグして移動
⑬ 同様に、「ミラノ」「パリ」の画像を移動

②
① スライド5を選択
② 《挿入》タブを選択
③ 《図》グループの（図形）をクリック
④ 《基本図形》の（円柱）をクリック
⑤ 始点から終点までドラッグして、湯呑の胴を作成
⑥ 同様に、湯呑の高台を作成
⑦ 湯呑の高台が選択されていることを確認
⑧ 《書式》タブを選択
⑨ 《配置》グループの 背面へ移動 （背面へ移動）をクリック

③
① 湯呑の胴を選択
② [Shift]を押しながら、湯呑の高台を選択
③ 《書式》タブを選択
④ 《配置》グループの（オブジェクトのグループ化）をクリック
⑤ 《グループ化》をクリック

④
① 《挿入》タブを選択
② 《図》グループの（図形）をクリック
③ 《基本図形》の（楕円）をクリック
④ 始点から終点までドラッグして、急須の器を作成
⑤ 同様に、急須のふたのつまみを作成
⑥ 《挿入》タブを選択
⑦ 《図》グループの（図形）をクリック
⑧ 《基本図形》の（円：塗りつぶしなし）をクリック
⑨ 始点から終点までドラッグして、急須の持ち手を作成
⑩ 黄色の〇（ハンドル）をドラッグして、持ち手の太さを調整
⑪ 《挿入》タブを選択
⑫ 《図》グループの（図形）をクリック
⑬ 《基本図形》の（台形）をクリック
⑭ 始点から終点までドラッグして、急須の注ぎ口を作成
⑮ をドラッグして回転
⑯ 注ぎ口をドラッグして移動

⑤
① 急須の持ち手を選択
② [Shift]を押しながら、急須の器を選択
③ 《書式》タブを選択
④ 《図形の挿入》グループの（図形の結合）をクリック
⑤ 《型抜き/合成》をクリック

⑥

① ⑤で結合した急須の持ち手と器を選択
② [Shift]を押しながら、急須のふたのつまみと注ぎ口を選択
③《書式》タブを選択
④《図形の挿入》グループの (図形の結合) をクリック
⑤《接合》をクリック

⑦

① 湯呑のイラストを選択
② [Shift]を押しながら、急須のイラストを選択
③《書式》タブを選択
④《図形のスタイル》グループの (その他) をクリック
⑤《テーマスタイル》の《パステル-緑、アクセント2》（左から3番目、上から4番目）をクリック

⑧

① Excelブック「**実施スケジュール**」を開く
② セル範囲【A3:D9】を選択
③《ホーム》タブを選択
④《クリップボード》グループの (コピー) をクリック
⑤ プレゼンテーション「**総合問題1**」に切り替え
⑥ スライド6を選択
⑦《ホーム》タブを選択
⑧《クリップボード》グループの (貼り付け) の をクリック
⑨ (貼り付け先のスタイルを使用) をクリック
⑩ 表の周囲の枠線をドラッグして移動
⑪ 表の○ (ハンドル) をドラッグしてサイズ変更
※Excelブック「実施スケジュール」を閉じておきましょう。

⑨

① 表を選択
②《ホーム》タブを選択
③《フォント》グループの 11 (フォントサイズ) の をクリックし、一覧から《16》を選択
④《表ツール》の《デザイン》タブを選択
⑤《表のスタイル》グループの (その他) をクリック
⑥《中間》の《中間スタイル2-アクセント3》（左から4番目、上から2番目）をクリック

⑩

① 表を選択
②《表ツール》の《デザイン》タブを選択
③《表スタイルのオプション》グループの《タイトル行》を ✓ にする
④《表スタイルのオプション》グループの《縞模様（行）》を ✓ にする

⑪

① 表の2～7行目を選択
②《レイアウト》タブを選択
③《セルのサイズ》グループの (高さを揃える) をクリック

⑫

① スライド2を選択
②「ヨーロッパ・スペシャル・キャンペーン」を選択
③《挿入》タブを選択
④《リンク》グループの (動作) をクリック
⑤《マウスのクリック》タブを選択
⑥《ハイパーリンク》を ● にする
⑦ をクリックし、一覧から《スライド》を選択
⑧《スライドタイトル》の一覧から「3.ヨーロッパ・スペシャル・キャンペーン」を選択
⑨《OK》をクリック
⑩《OK》をクリック
⑪ 同様に、「新発売コーヒー店頭キャンペーン」と「お茶を読む・川柳キャンペーン」にそれぞれリンクを設定

⑬

① スライド3を選択
②《挿入》タブを選択
③《図》グループの (図形) をクリック
④《動作設定ボタン》の (動作設定ボタン:戻る) をクリック
⑤ 始点から終点までドラッグして、動作設定ボタンを作成
⑥《マウスのクリック》タブを選択
⑦《ハイパーリンク》を ● にする
⑧ をクリックし、一覧から《スライド》を選択

⑨《スライドタイトル》の一覧から「2.3つの販促キャンペーンの展開」を選択
⑩《OK》をクリック
⑪《OK》をクリック

⑭

①動作設定ボタンを選択
②《書式》タブを選択
③《図形のスタイル》グループの （その他）をクリック
④《テーマスタイル》の《枠線のみ-灰色、アクセント4》（左から5番目、上から1番目）をクリック

⑮

①スライド3の動作設定ボタンを選択
②《ホーム》タブを選択
③《クリップボード》グループの （コピー）をクリック
④スライド4を選択
⑤《クリップボード》グループの （貼り付け）をクリック
⑥スライド5を選択
⑦《クリップボード》グループの （貼り付け）をクリック

⑯

①スライド2を選択
②《スライドショー》タブを選択
③《スライドショーの開始》グループの （このスライドから開始）をクリック
④「ヨーロッパ・スペシャル・キャンペーン」をクリック
⑤スライド3の動作設定ボタンをクリック
⑥スライド2の「新発売コーヒー店頭キャンペーン」をクリック
⑦スライド4の動作設定ボタンをクリック
⑧スライド2の「お茶を読む・川柳キャンペーン」をクリック
⑨スライド5の動作設定ボタンをクリック
※ Esc を押して、スライドショーを終了しておきましょう。

⑰

①スライド1を選択
②《ホーム》タブを選択
③《編集》グループの （置換）をクリック
④《検索する文字列》に「読む」と入力
⑤《置換後の文字列》に「詠む」と入力
⑥《すべて置換》をクリック
※3個の文字列が置換されます。
⑦《OK》をクリック
⑧《閉じる》をクリック

総合問題2

①
①《デザイン》タブを選択
②《ユーザー設定》グループの □ （スライドのサイズ）をクリック
③《ユーザー設定のスライドのサイズ》をクリック
④《スライドのサイズ指定》の ⌄ をクリックし、一覧から《はがき》を選択
⑤《スライド》の《縦》を ● にする
⑥《OK》をクリック
⑦《最大化》または《サイズに合わせて調整》をクリック

②
①《ホーム》タブを選択
②《スライド》グループの レイアウト （スライドのレイアウト）をクリック
③《白紙》をクリック

③
①《デザイン》タブを選択
②《バリエーション》グループの ⌄ （その他）をクリック
③《配色》をポイント
④《赤味がかったオレンジ》をクリック

④
①《表示》タブを選択
②《表示》グループの《グリッド線》を ☑ にする
③《表示》グループの《ガイド》を ☑ にする
④《表示》グループの □ （グリッドの設定）をクリック
⑤《描画オブジェクトをグリッド線に合わせる》を ☑ にする
⑥《間隔》の左側のボックスの ⌄ をクリックし、一覧から《5グリッド/cm》を選択
⑦《間隔》の右側のボックスが「0.2cm」になっていることを確認
⑧《OK》をクリック
⑨水平方向のガイドを中心から上に「1.60」の位置までドラッグ
⑩ Ctrl を押しながら、水平方向のガイドを中心から下に「4.40」の位置までドラッグしてコピー

⑤
①《挿入》タブを選択
②《図》グループの □ （図形）をクリック
③《四角形》の □ （正方形/長方形）をクリック
④始点から終点までドラッグして、長方形を作成
⑤長方形が選択されていることを確認
⑥文字を入力

⑥
①長方形を選択
②《書式》タブを選択
③《図形のスタイル》グループの 図形の枠線 ▼ （図形の枠線）をクリック
④《枠線なし》をクリック

⑦
①「Anniversary Fair」を選択
②《ホーム》タブを選択
③《フォント》グループの 18 ▼ （フォントサイズ）の ▼ をクリックし、一覧から《32》を選択
④《フォント》グループの B （太字）をクリック
⑤《フォント》グループの S （文字の影）をクリック

⑧
①「2019.7.8(Mon)～7.14(Sun)」を選択
②《ホーム》タブを選択
③《フォント》グループの 18 ▼ （フォントサイズ）の ▼ をクリックし、一覧から《14》を選択
④《フォント》グループの B （太字）をクリック

⑨
①「おかげさまで5周年。日ごろのご愛顧に感謝してアニバーサリーフェアを開催します。」を選択
②《ホーム》タブを選択
③《フォント》グループの 18 ▼ （フォントサイズ）の ▼ をクリックし、一覧から《11》を選択
④《段落》グループの ≡ （左揃え）をクリック

⑩
① 《挿入》タブを選択
② 《画像》グループの ■ (図) をクリック
③ 画像が保存されている場所を選択
※《PC》→《ドキュメント》→「PowerPoint2019応用」→「総合問題」→「総合問題2」を選択します。
④ 一覧から「バラ」を選択
⑤ 《挿入》をクリック
⑥ 画像を選択
⑦ 《書式》タブを選択
⑧ 《サイズ》グループの ■ (トリミング) をクリック
⑨ 上側や下側の ━ をドラッグして、トリミング範囲を設定
⑩ 画像以外の場所をクリック
⑪ 画像をドラッグして移動

⑪
① 《挿入》タブを選択
② 《図》グループの ■ (図形) をクリック
③ 《四角形》の □ (正方形/長方形) をクリック
④ 始点から終点までドラッグして、長方形を作成
⑤ 長方形が選択されていることを確認
⑥ 文字を入力

⑫
① ⑪で作成した長方形を選択
② 《ホーム》タブを選択
③ 《フォント》グループの 18 (フォントサイズ) の ■ をクリックし、一覧から《9》を選択
④ 《段落》グループの ≡ (右揃え) をクリック
⑤ 《書式》タブを選択
⑥ 《図形のスタイル》グループの ■ (その他) をクリック
⑦ 《テーマスタイル》の《パステル-ゴールド、アクセント2》(左から3番目、上から4番目) をクリック
⑧ 《図形のスタイル》グループの 図形の枠線 ▼ (図形の枠線) をクリック
⑨ 《枠線なし》をクリック

⑬
① 「お菓子の家PUPURARA」を選択
② 《ホーム》タブを選択
③ 《フォント》グループの 9 ▼ (フォントサイズ) の ■ をクリックし、一覧から《16》を選択
④ 《書式》タブを選択
⑤ 《ワードアートのスタイル》グループの ■ (ワードアートクイックスタイル) をクリック
⑥ 《塗りつぶし：白；輪郭：赤、アクセントカラー1；光彩：赤、アクセントカラー1》(左から4番目、上から2番目) をクリック
⑦ 《ワードアートのスタイル》グループの ■ ▼ (文字の輪郭) の ■ をクリック
⑧ 《テーマの色》の《濃い赤、アクセント6》(左から10番目、上から1番目) をクリック

⑭
① 《挿入》タブを選択
② 《図》グループの ■ (図形) をクリック
③ 《基本図形》の △ (二等辺三角形) をクリック
④ 始点から終点までドラッグして、屋根を作成
⑤ 《挿入》タブを選択
⑥ 《図》グループの ■ (図形) をクリック
⑦ 《四角形》の □ (正方形/長方形) をクリック
⑧ 始点から終点までドラッグして、壁を作成
⑨ 同様に、煙突を作成
⑩ 《挿入》タブを選択
⑪ 《図》グループの ■ (図形) をクリック
⑫ 《四角形》の □ (四角形：角を丸くする) をクリック
⑬ 始点から終点までドラッグして、ドアを作成
※自由に図形を配置するには、[Alt]を押しながらドラッグします。

⑮
① 屋根を選択
② [Shift]を押しながら、煙突と壁を選択
③ 《書式》タブを選択
④ 《図形の挿入》グループの ■ ▼ (図形の結合) をクリック
⑤ 《接合》をクリック

⑯
① ⑮で結合した屋根と煙突、壁を選択
② Shift を押しながら、ドアを選択
③《書式》タブを選択
④《配置》グループの (オブジェクトのグループ化) をクリック
⑤《グループ化》をクリック

⑰
① 家のイラストを選択
②《書式》タブを選択
③《図形のスタイル》グループの (その他) をクリック
④《テーマスタイル》の《枠線-淡色1、塗りつぶし-赤、アクセント3》(左から4番目、上から3番目) をクリック

⑱
①《挿入》タブを選択
②《テキスト》グループの (横書きテキストボックスの描画) をクリック
③ 始点でクリック
④ 文字を入力

⑲
① テキストボックスを選択
②《ホーム》タブを選択
③《フォント》グループの 18 (フォントサイズ) の をクリックし、一覧から《9》を選択
④ テキストボックスの周囲の枠線をドラッグして移動

⑳
①《挿入》タブを選択
②《画像》グループの (図) をクリック
③ 画像が保存されている場所を選択
※《PC》→《ドキュメント》→「PowerPoint2019応用」→「総合問題」→「総合問題2」を選択します。
④ 一覧から「マカロン(ピンク)」を選択
⑤《挿入》をクリック
⑥ 画像「マカロン(ピンク)」を選択
⑦《書式》タブを選択
⑧《調整》グループの (背景の削除) をクリック
⑨《背景の削除》タブを選択
⑩《設定し直す》グループの (保持する領域としてマーク) や (削除する領域としてマーク) を使って調整
⑪《閉じる》グループの (背景の削除を終了して、変更を保持する) をクリック
⑫《書式》タブを選択
⑬《サイズ》グループの (トリミング) の をクリック
⑭《縦横比》をポイント
⑮《四角形》の《1:1》をクリック
⑯ 画像以外の場所をクリック
⑰ 画像を選択
⑱《書式》タブを選択
⑲《サイズ》グループの (図形の幅) を「1.3cm」に設定
※ (図形の高さ) が自動的に「1.3cm」になります。
⑳ 画像をドラッグして移動
㉑ 同様に、「マカロン(黄)」「マカロン(茶)」「マカロン(白)」「マカロン(緑)」を挿入し、背景の削除とトリミングをして、サイズと位置を調整

㉑
① 画像「マカロン(ピンク)」を選択
② をドラッグして回転
③ 同様に、その他のマカロンの画像を回転
④ 画像「マカロン(ピンク)」を選択
⑤ Shift を押しながら、その他のマカロンの画像を選択
⑥《書式》タブを選択
⑦《配置》グループの (オブジェクトの配置) をクリック
⑧《左右に整列》をクリック

㉒
①《表示》タブを選択
②《表示》グループの《グリッド線》を☐にする
③《表示》グループの《ガイド》を☐にする

総合問題3

①
① 《挿入》タブを選択
② 《テキスト》グループの ▢（ヘッダーとフッター）をクリック
③ 《スライド》タブを選択
④ 《スライド番号》を ☑ にする
⑤ 《フッター》を ☑ にし、「©2019 FOMフーズ株式会社 All Rights Reserved.」と入力
⑥ 《タイトルスライドに表示しない》を ☑ にする
⑦ 《すべてに適用》をクリック

②
① 《表示》タブを選択
② 《マスター表示》グループの ▢（スライドマスター表示）をクリック

③
① サムネイルの一覧から《基礎ノート：スライド1-6で使用される》（上から1番目）を選択
② 「〈#〉」のプレースホルダーを選択
③ 《ホーム》タブを選択
④ 《フォント》グループの 10 （フォントサイズ）の ▼ をクリックし、一覧から《12》を選択
⑤ プレースホルダーの○（ハンドル）をドラッグしてサイズ変更
⑥ プレースホルダーの周囲の枠線をドラッグして移動

④
① サムネイルの一覧から《基礎ノート：スライド1-6で使用される》（上から1番目）を選択
② フッターのプレースホルダーを選択
③ 《ホーム》タブを選択
④ 《フォント》グループの 10 （フォントサイズ）の ▼ をクリックし、一覧から《12》を選択
⑤ プレースホルダーの○（ハンドル）をドラッグしてサイズ変更
⑥ プレースホルダーの周囲の枠線をドラッグして移動

⑤
① サムネイルの一覧から《基礎ノート：スライド1-6で使用される》（上から1番目）を選択
② タイトルのプレースホルダーを選択
③ 《ホーム》タブを選択
④ 《フォント》グループの 游ゴシック Light 見出 （フォント）の ▼ をクリックし、一覧から《游明朝》を選択
⑤ 《段落》グループの ≡（中央揃え）をクリック

⑥
① サムネイルの一覧から《タイトルスライドレイアウト：スライド1で使用される》（上から2番目）を選択
② タイトルのプレースホルダーを選択
③ プレースホルダーの○（ハンドル）をドラッグしてサイズ変更
④ プレースホルダーの周囲の枠線をドラッグして移動
⑤ サブタイトルのプレースホルダーを選択
⑥ プレースホルダーの○（ハンドル）をドラッグしてサイズ変更
⑦ プレースホルダーの周囲の枠線をドラッグして移動

⑦
① サムネイルの一覧から《タイトルスライドレイアウト：スライド1で使用される》（上から2番目）を選択
② タイトルとサブタイトルのプレースホルダーの間にある直線を選択
③ 《書式》タブを選択
④ 《図形のスタイル》グループの 図形の枠線 （図形の枠線）をクリック
⑤ 《太さ》をポイント
⑥ 《2.25pt》をクリック

⑧
① サムネイルの一覧から《タイトルスライドレイアウト：スライド1で使用される》（上から2番目）を選択
② 《挿入》タブを選択
③ 《テキスト》グループの ▢（横書きテキストボックスの描画）をクリック
④ 始点でクリック
⑤ 文字を入力
⑥ テキストボックスを選択
⑦ 《ホーム》タブを選択
⑧ 《フォント》グループの 游ゴシック 本文 （フォント）の ▼ をクリックし、一覧から《Times New Roman》を選択

⑨《フォント》グループの 18 （フォントサイズ）をクリックし、「300」と入力
⑩ Enter を押す
⑪《フォント》グループの A （フォントの色）の をクリック
⑫《テーマの色》の《ゴールド、アクセント4》（左から8番目、上から1番目）をクリック
⑬《フォント》グループの B （太字）をクリック
⑭《フォント》グループの I （斜体）をクリック
⑮ テキストボックスの周囲の枠線をドラッグして移動

⑨
① サムネイルの一覧から《タイトルスライドレイアウト：スライド1で使用される》（上から2番目）を選択
② テキストボックスを選択
③《書式》タブを選択
④《配置》グループの 背面へ移動 （背面へ移動）の をクリック
⑤《最背面へ移動》をクリック

⑩
①《スライドマスター》タブを選択
②《閉じる》グループの （マスター表示を閉じる）をクリック

⑪
① Excelブック「財務諸表」を開く
② シート「損益計算書」のシート見出しをクリック
③ セル範囲【A3:D16】を選択
④《ホーム》タブを選択
⑤《クリップボード》グループの （コピー）をクリック
⑥ プレゼンテーション「総合問題3」に切り替え
⑦ スライド3を選択
⑧《ホーム》タブを選択
⑨《クリップボード》グループの （貼り付け）の 貼り付け をクリック
⑩ （元の書式を保持）をクリック

⑫
① 表を選択
②《ホーム》タブを選択
③《フォント》グループの 11 （フォントサイズ）の をクリックし、一覧から《14》を選択
④ 表の周囲の枠線をドラッグして移動
⑤ 表の○（ハンドル）をドラッグしてサイズ変更

⑬
① Excelブック「財務諸表」に切り替え
② シート「売上高推移」のシート見出しをクリック
③ グラフを選択
④《ホーム》タブを選択
⑤《クリップボード》グループの （コピー）をクリック
⑥ プレゼンテーション「総合問題3」に切り替え
⑦ スライド4を選択
⑧《ホーム》タブを選択
⑨《クリップボード》グループの （貼り付け）の 貼り付け をクリック
⑩ （元の書式を保持しブックを埋め込む）をクリック

⑭
① グラフを選択
②《ホーム》タブを選択
③《フォント》グループの 10 （フォントサイズ）の をクリックし、一覧から《14》を選択
④ グラフの周囲の枠線をドラッグして移動
⑤ グラフの○（ハンドル）をドラッグしてサイズ変更

⑮
① Excelブック「財務諸表」に切り替え
② シート「貸借対照表」のシート見出しをクリック
③ セル範囲【A3:D18】を選択
④《ホーム》タブを選択
⑤《クリップボード》グループの （コピー）をクリック
⑥ プレゼンテーション「総合問題3」に切り替え
⑦ スライド5を選択
⑧《ホーム》タブを選択
⑨《クリップボード》グループの （貼り付け）の 貼り付け をクリック
⑩ （埋め込み）をクリック
⑪ 表の周囲の枠線をドラッグして移動
⑫ 表の○（ハンドル）をドラッグしてサイズ変更
※Excelブック「財務諸表」を閉じておきましょう。

総合問題4

①
① 《ホーム》タブを選択
② 《スライド》グループの の ![新しいスライド] をクリック
③ 《アウトラインからスライド》をクリック
④ Word文書が保存されている場所を選択
※ 《PC》→《ドキュメント》→「PowerPoint2019応用」→「総合問題」→「総合問題4」を選択します。
⑤ 一覧から「**学校案内**」を選択
⑥ 《挿入》をクリック

②
① スライド2を選択
② [Shift]を押しながら、スライド5を選択
③ 《ホーム》タブを選択
④ 《スライド》グループの ![リセット] (リセット) をクリック
⑤ スライド4を選択
⑥ [Shift]を押しながら、スライド5を選択
⑦ 《スライド》グループの ![レイアウト] (スライドのレイアウト) をクリック
⑧ 《タイトルのみ》をクリック

③
① スライド3を選択
② 《ホーム》タブを選択
③ 《スライド》グループの の ![新しいスライド] をクリック
④ 《スライドの再利用》をクリック
⑤ 《参照》をクリック
⑥ 再利用するプレゼンテーションが保存されている場所を選択
※ 《PC》→《ドキュメント》→「PowerPoint2019応用」→「総合問題」→「総合問題4」を選択します。
⑦ 一覧から「**学校概要**」を選択
⑧ 《開く》をクリック
⑨ 《スライドの再利用》作業ウィンドウの「**学園長挨拶**」のスライドをクリック
⑩ 同様に、「**学校沿革**」「**学科紹介**」のスライドを挿入
※ 《スライドの再利用》作業ウィンドウを閉じておきましょう。

④
① 《表示》タブを選択
② 《マスター表示》グループの をクリック

⑤
① サムネイルの一覧から《**Viewノート：スライド1-8で使用される**》（上から1番目）を選択
② タイトルのプレースホルダーを選択
③ 《ホーム》タブを選択
④ 《フォント》グループの ![游ゴシック Light 見出] (フォント) の ![▼] をクリックし、一覧から《**游明朝**》を選択
⑤ 《フォント》グループの ![S] (文字の影) をクリック

⑥
① サムネイルの一覧から《**Viewノート：スライド1-8で使用される**》（上から1番目）を選択
② 長方形を選択
③ 長方形をドラッグして移動
④ 長方形の○（ハンドル）をドラッグしてサイズ変更

⑦
① サムネイルの一覧から《**Viewノート：スライド1-8で使用される**》（上から1番目）を選択
② 《挿入》タブを選択
③ 《画像》グループの をクリック
④ 画像が保存されている場所を選択
※ 《PC》→《ドキュメント》→「PowerPoint2019応用」→「総合問題」→「総合問題4」を選択します。
⑤ 一覧から「**学校ロゴ**」を選択
⑥ 《挿入》をクリック
⑦ 画像の○（ハンドル）をドラッグしてサイズ変更
⑧ 画像をドラッグして移動

⑧
① サムネイルの一覧から《**タイトルスライドレイアウト：スライド1で使用される**》（上から2番目）を選択
② 《挿入》タブを選択
③ 《画像》グループの をクリック
④ 画像が保存されている場所を選択
※ 《PC》→《ドキュメント》→「PowerPoint2019応用」→「総合問題」→「総合問題4」を選択します。
⑤ 一覧から「**学生**」を選択
⑥ 《挿入》をクリック
⑦ 画像を選択

⑧《書式》タブを選択
⑨《サイズ》グループの (トリミング)をクリック
⑩上側や下側の━をドラッグして、トリミング範囲を設定
⑪画像以外の場所をクリック
⑫画像をドラッグして移動
⑬画像の○(ハンドル)をドラッグしてサイズ変更

⑨
①⑧で挿入した画像を選択
②《書式》タブを選択
③《調整》グループの (色)をクリック
④《色の彩度》の《彩度:200%》(左から5番目)をクリック

⑩
①《スライドマスター》タブを選択
②《閉じる》グループの (マスター表示を閉じる)をクリック

⑪
①《デザイン》タブを選択
②《テーマ》グループの (その他)をクリック
③《現在のテーマを保存》をクリック
④保存先が《Document Themes》になっていることを確認
⑤《ファイル名》に「学校案内」と入力
⑥《保存》をクリック

⑫
①Excelブック「進路状況」を開く
②シート「構成比」のシート見出しをクリック
③グラフを選択
④《ホーム》タブを選択
⑤《クリップボード》グループの (コピー)をクリック
⑥プレゼンテーション「総合問題4」に切り替え
⑦スライド7を選択
⑧《ホーム》タブを選択
⑨《クリップボード》グループの (貼り付け)の  をクリック
⑩ (元の書式を保持しデータをリンク)をクリック
⑪グラフの○(ハンドル)をドラッグしてサイズ変更
⑫グラフをドラッグして移動
※Excelブック「進路状況」を閉じておきましょう。

⑬
①Excelブック「募集要項」を開く
②セル範囲【A2:C9】を選択
③《ホーム》タブを選択
④《クリップボード》グループの (コピー)をクリック
⑤プレゼンテーション「総合問題4」に切り替え
⑥スライド8を選択
⑦《ホーム》タブを選択
⑧《クリップボード》グループの (貼り付け)の をクリック
⑨ (図)をクリック
⑩表の○(ハンドル)をドラッグしてサイズ変更
⑪表の周囲の枠線をドラッグして移動
※Excelブック「募集要項」を閉じておきましょう。

⑭
①スライド1を選択
②《ホーム》タブを選択
③《スライド》グループの (セクション)をクリック
④《セクションの追加》をクリック
⑤《セクション名》に「表紙」と入力
⑥《名前の変更》をクリック
⑦同様に、スライド2、スライド6、スライド8の前にセクションを追加し、セクション名を設定

総合問題5

①
①《校閲》タブを選択
②《比較》グループの 🗒 (比較) をクリック
③比較するプレゼンテーションが保存されている場所を選択
※《PC》→《ドキュメント》→「PowerPoint2019応用」→「総合問題」→「総合問題5」を選択します。
④一覧から「**教務チェック結果**」を選択
⑤《比較》をクリック

②
①スライド4が表示されていることを確認
②プレースホルダーの右上に表示されている 🗒 (変更履歴マーカー) の内容を確認
③《**コンテンツプレースホルダー2に対するすべての変更**》を ☑ にする

③
①《校閲》タブを選択
②《比較》グループの ➡次へ (次の変更箇所) をクリック
③スライド6が表示されていることを確認
④プレースホルダーの右上に表示されている 🗒 (変更履歴マーカー) の内容を確認
⑤《変更履歴》ウィンドウの《**スライド**》をクリック
⑥《変更履歴》ウィンドウの「**学科紹介**」のスライドをクリック

④
①《校閲》タブを選択
②《比較》グループの ➡次へ (次の変更箇所) をクリック
③《キャンセル》をクリック
④《比較》グループの 🗒 (校閲の終了) をクリック
⑤《はい》をクリック

⑤
①スライド8を選択
②《校閲》タブを選択
③《コメント》グループの 🗒 (コメントの挿入) をクリック
④《コメント》作業ウィンドウにコメントを入力
⑤《コメント》作業ウィンドウ以外の場所をクリック
※《コメント》作業ウィンドウを閉じておきましょう。

⑥
①《ファイル》タブを選択
②《情報》をクリック
③《プロパティ》をクリック
④《詳細プロパティ》をクリック
⑤《ファイルの概要》タブを選択
⑥《管理者》に「**入試広報部**」と入力
⑦《会社名》に「**下村文化学園**」と入力
⑧《OK》をクリック
※ Esc を押して、標準表示に切り替えておきましょう。

⑦
①《ファイル》タブを選択
②《情報》をクリック
③《問題のチェック》をクリック
④《ドキュメント検査》をクリック
⑤《はい》をクリック
⑥すべての項目を ☑ にする
⑦《検査》をクリック
⑧《コメント》の《**すべて削除**》をクリック
⑨《閉じる》をクリック
※ Esc を押して、標準表示に切り替えておきましょう。
※《コメント》作業ウィンドウが表示された場合は閉じておきましょう。

⑧
①《ファイル》タブを選択
②《エクスポート》をクリック
③《PDF/XPSドキュメントの作成》をクリック
④《PDF/XPSの作成》をクリック
⑤PDFファイルを保存する場所を選択
※《PC》→《ドキュメント》→「PowerPoint2019応用」→「総合問題」→「総合問題5」を選択します。
⑥《ファイル名》に「**2020年度学校案内(配布用)**」と入力
⑦《ファイルの種類》が《PDF》になっていることを確認
⑧《発行》をクリック
※PDFファイルが表示された場合は閉じておきましょう。

⑨
①《ファイル》タブを選択
②《情報》をクリック
③《プレゼンテーションの保護》をクリック
④《パスワードを使用して暗号化》をクリック
⑤《パスワード》に「password」と入力
⑥《OK》をクリック
⑦《パスワードの再入力》に「password」と入力
⑧《OK》をクリック
※ Esc を押して、標準表示に切り替えておきましょう。

⑩
①《ファイル》タブを選択
②《情報》をクリック
③《プレゼンテーションの保護》をクリック
④《最終版にする》をクリック
⑤《OK》をクリック
⑥《OK》をクリック
⑦タイトルバーに《[読み取り専用]》と表示され、メッセージバーが表示されていることを確認

© FUJITSU FOM LIMITED 2019